Alexander Hoffmann

CHATBOTS

Einführung in die Zukunft von Marketing, PR und CRM

W0196600

FRANZIS

Der Autor

Alexander Hoffmann ist Gründer und Inhaber des Start-ups COOK and CODE in München. Er berät und schult namhafte Unternehmen zu Themen der digitalen Transformation. Der Einsatz von Chatbots zählt zu seinen persönlichen Schwerpunkten. An der Hochschule München verantwortet er als Lehrbeauftragter die Vorlesung für Technische Informatik im Studiengang Technische Redaktion und Kommunikation.

Alexander Hoffmann

CHATBOTS

Einführung in die Zukunft von Marketing, PR und CRM

FRANZIS

Bibliografische Information der Deutschen Bibliothek

Die Deutsche Bibliothek verzeichnet diese Publikation in der Deutschen Nationalbibliografie; detaillierte Daten sind im Internet über *http://dnb.ddb.de* abrufbar.

Hinweis: Alle Angaben in diesem Buch wurden vom Autor mit größter Sorgfalt erarbeitet bzw. zusammengestellt und unter Einschaltung wirksamer Kontrollmaßnahmen reproduziert. Trotzdem sind Fehler nicht ganz auszuschließen. Der Verlag und der Autor sehen sich deshalb gezwungen, darauf hinzuweisen, dass sie weder eine Garantie noch die juristische Verantwortung oder irgendeine Haftung für Folgen, die auf fehlerhafte Angaben zurückgehen, übernehmen können. Für die Mitteilung etwaiger Fehler sind Verlag und Autor jederzeit dankbar. Internetadressen oder Versionsnummern stellen den bei Redaktionsschluss verfügbaren Informationsstand dar. Verlag und Autor übernehmen keinerlei Verantwortung oder Haftung für Veränderungen, die sich aus nicht von ihnen zu vertretenden Umständen ergeben. Evtl. beigefügte oder zum Download angebotene Dateien und Informationen dienen ausschließlich der nicht gewerblichen Nutzung. Eine gewerbliche Nutzung ist nur mit Zustimmung des Lizenzinhabers möglich.

© 2019 Franzis Verlag GmbH, 85540 Haar bei München

Alle Rechte vorbehalten, auch die der fotomechanischen Wiedergabe und der Speicherung in elektronischen Medien. Das Erstellen und Verbreiten vonKopien auf Papier, auf Datenträgern oder im Internet, insbesondere als PDF, ist nur mit ausdrücklicher Genehmigung des Verlags gestattet und wird widrigenfallsstrafrechtlich verfolgt.

Die meisten Produktbezeichnungen von Hard- und Software sowie Firmennamen und Firmenlogos, die in diesem Werk genannt werden, sind in der Regel gleichzeitig auch eingetragene Warenzeichen und sollten als solche betrachtet werden. Der Verlag folgt bei den Produktbezeichnungen im Wesentlichen den Schreibweisen der Hersteller.

Autor: Alexander Hoffmann
Leitung Produktmanagement: Benjamin Hartlmaier
Satz: Alexandra Kugge
Cover: Manuel Blex
Druck: CPI Print
ISBN 978-3-645-60582-3

Inhaltsverzeichnis

1 Einführung

Wäre es nicht schön, einen Kollegen zu haben, der nie krank ist, nie Urlaub nimmt und immer verfügbar ist, 24 Stunden am Tag und sieben Tage die Woche? Darf ich vorstellen: Kollege »Chatbot« steht in den Startlöchern. Seine Einsatzzwecke reichen von Unterstützung im Service über Promoter im Marketing bis hin zu Ernährungsberatung und vielen weiteren Szenarien, die in diesem Buch vorgestellt werden.

Womöglich denken Sie, dass die Technologie noch nicht ganz ausgereift sei, doch die Entwicklung schreitet in großen Schritten voran. Zu nennen ist Google Duplex, eine Software, die den Google Assistant noch intelligenter machen wird – so intelligent, dass man den Unterschied zu einem echten Menschen nur noch sehr schwer bis gar nicht mehr erkennt. Die Software übernimmt einfache Telefonanrufe für den Nutzer des Google Assistant, etwa Reservierungen bei einem Restaurant oder beim Friseur. Google Duplex wurde zum ersten Mal auf der Google I/O im Mai 2018 vorgestellt.

Sollten Sie weiterhin denken, die Technologie sei noch nicht ausgereift, empfehle ich Ihnen, sich das Video[1] der Präsentation anzusehen und das Telefongespräch eines Computers anzuhören. Das ist nicht nur beeindruckend, sondern auch etwas besorgniserregend, denn was kommt danach? Könnten Sie sich eine *künstliche Intelligenz* (KI) als Richter vorstellen? Oder als Streitschlichter im Privatleben?

Laut einer Studie des Branchenverbands Bitkom würden sechs von zehn Bundesbürgern in bestimmten Situationen eher die Entscheidung einer KI (einer künstlichen Intelligenz) akzeptieren als die eines Menschen. Jeder Elfte kann sich KI als Streitschlichter im Privatleben vorstellen, jeder Zehnte als Richter.[2] Doch was ist in diesem Zusammenhang überhaupt künstliche Intelligenz? Dieses Buch klärt auf, welche Risiken und Chancen die Wissenschaft mit Chatbots bietet, welche Grenzen existieren und wie Sie die Werkzeuge bereits heute für Ihr Unternehmen einsetzen können.

Chatbots sind inzwischen in vielen Unternehmen erfolgreich im Einsatz. Einige intelligente Chat-Anwendungen konnten bereits 80.000 Nutzer im Monat generieren oder sogar innerhalb von 24 Stunden vollautomatisiert ein paar Millionen Nachrichten austauschen. Dieses Buch verfolgt das Ziel, einen Überblick über das Thema Chatbots zu bieten und ein Grundverständnis zu erzeugen. Es richtet sich vor allem an Menschen ohne technisches Verständnis und soll die Kommunikation zwischen Agenturen und Entscheidern verbessern.

1.1 Social Bots und Chatbots

Bots werden häufig mit Wahlmanipulation assoziiert. In einem solchen Fall agieren viele kleine Computerprogramme als Fake-Accounts in sozialen Netzwerken. Sie agieren gemeinsam als Schwarm und verfolgen häufig das Ziel, künstliche Trends zu erzeugen und so ihren Machern eine höhere Reichweite, also Sichtbarkeit, zu verschaffen. Man nennt diese Art von Bot »Social Bots«.

Vergleich zwischen Social Bot und Chatbot

Social Bots unterscheiden sich von Chatbots dadurch, dass ihre Fähigkeit, Gespräche in Chats zu führen, nicht so ausgeprägt ist wie bei Chatbots. Chatbots sind spezialisiert auf den Bereich der Kundenansprache und, mit wenigen Ausnahmen, weniger auf politische Propaganda. Chatbots sind ein weiterer Kanal der Kundenkommunikation. Die Definition des Begriffs »Chatbot« ist noch recht schwammig. Menschen, die in diesem Feld arbeiten, nennen sie oft nur Bots, obwohl der Begriff auch negativ besetzt ist: etwa durch Begriffe wie »Spambot«, »TwitterBot« und »Botnet«.[3]

Grundsätzlich unterscheidet man zwischen Chatbots und Social Bots. Letztere werden zu Propagandazwecken eingesetzt, um politisch Stimmung zu machen[4]:

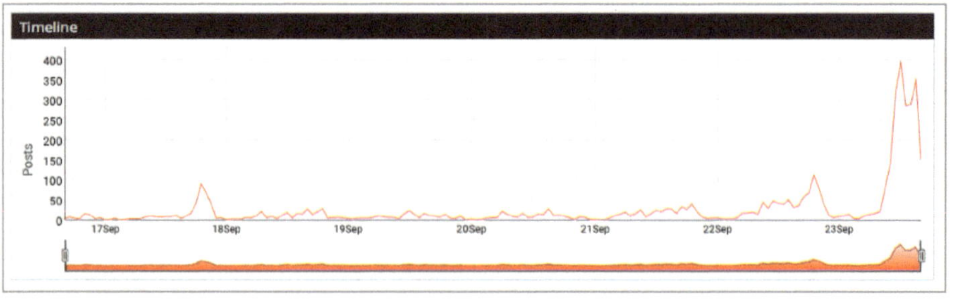

Bild 1.1: #Wahlbetrug Hashtag Trend, der von Bots ausgelöst wurde. (Quelle: *https://medium.com/dfrlab/electionwatch-final-hours-fake-news-hype-in-germany-cc9b8157cfb8*)

Gerüchte oder Verschwörungstheorien verbreiten

Gerüchte oder Verschwörungstheorien massenhaft und schnell verbreiten? Dank Social Bots lässt sich eine gesellschaftliche Diskussion mit Tausenden Teilnehmern ganz einfach programmieren. Bots reagieren dabei auf bestimmte Hashtags, und andere Bots antworten auf deren Tweets mit vorgegebenen Phrasen. Für einen durchschnittlichen Internetnutzer, der von dem Konzept der Social Bots noch nie gehört hat, sieht das so aus, als würden sich echte Menschen zu einem bestimmten Thema austauschen.

So können letztlich auch Trends bei Twitter manipuliert werden. Trends bei Twitter zeigen Hashtags auf der Startseite aller Twitter-Nutzer an, wenn das Hashtag gerade von vielen Nutzern verwendet wird, also wenn es als beliebt gilt – egal ob von einem Bot oder einem echten Mensch.[5]

Bots sind hierbei immer von einem Menschen programmiert worden. Sie müssen also erst konfiguriert werden, damit sie auf ein bestimmtes Thema reagieren können. So geht man davon aus, dass sie nie sofort auf eine Eilmeldung reagieren können.[6]

Bild 1.2: Der Twitter-Account von Renate Biller erreicht mit nicht mehr als 16 Followern eine Reichweite von 528 Retweets und 518 Likes. Das ist nur durch eine Armee von Social Bots möglich. (Quelle: Twitter)

Bild 1.3: Der Tweet wurde von einer Vielzahl von russischsprachigen Bots geteilt. (Quelle: *https://medium.com/dfrlab/electionwatch-final-hours-fake-news-hype-in-germany-cc9b8157cfb8*)

Warum könnten es im Fall von Renate Biller Social Bots gewesen sein?

Die meisten Accounts hatten kein Profilbild, und in ihrer Timeline wurden eine Reihe von kommerziellen und pornografischen Inhalten in russischer und englischer Sprache sowie pro-AfD-Beiträge gepostet[7] – so beschreibt es das Digital Forensic Research Lab des Atlantic Council. Die Public-Policy-Gruppe aus den USA verfolgt den Auftrag, auf Basis der zentralen Rolle der atlantischen Gemeinschaft das Engagement in internationalen Angelegenheiten bei der Bewältigung der internationalen Herausforderungen des 21. Jahrhunderts zu fördern.

Social Bots erkennen

Tipps zum Erkennen von Social Bots gibt die ARD-Tagesschau unter *http://faktenfinder.tagesschau.de/tutorials/social-bots-erkennen-101.html.*

1.2 Vom Web zu Apps und jetzt zu Chats

Was haben Web, Apps und Chat gemeinsam? Die Menschen standen anfangs jeder neuen Technologie eher skeptisch gegenüber und wussten nicht so richtig, was sie mit den neuen Möglichkeiten anfangen sollten – bis sie sich an die Bequemlichkeit der Services gewöhnt hatten und nicht mehr darauf verzichten wollen.

Bild 1.4: »Chatbots sind heute auf dem Stand der Websites von 1990«, sagt Ted Livingston, Gründer der Messaging-Plattform Kik. (Quelle: *https://www.archives.gov/presidential-libraries/archived-websites*)

Das Internet wird sich wohl sowieso nicht durchsetzen?

Erinnern wir uns an das Jahr 1995 – damals haben die meisten Domainnamen nicht mehr als zehn Deutsche Mark gekostet. Viele von uns stellten sich damals die Frage: Was ist eine Domain? Warum brauche ich eine? Das Internet wird sich ja eh nicht durchsetzen. »Das Internet? Bah!«, so beschrieb es im Jahr 1995 auch der Publizist und Astronom Clifford Stoll, der damals der Meinung war, dass sich das Internet nie durchsetzen würde: »Die Wahrheit ist, dass keine Onlinedatenbank ihre Tageszeitung ersetzen kann, keine CD-ROM wird einen kompetenten Lehrer ersetzen, und kein Computernetzwerk wird die Art und Weise verändern, wie die Regierung arbeitet.«[8]

Seiner Meinung nach war das größte Problem des Internets die riesige Menge von Informationen, die sich nicht so leicht finden lassen. Ein riesengroßer Haufen unstrukturierter Daten im Cyberchaos. Doch dann wurde die Suchmaschine Google erfunden, das Internet wurde immer beliebter, und gleichzeitig nahm der Wert einzelner Domains drastisch zu.

Zwei markante Beispiele:

- *www.beer.com* ist heute zwei Millionen US-Dollar wert.
- *www.business.com* ist heute zehn Millionen US-Dollar wert.

Das Web zog mehr Nutzer an, und so sahen auch die Unternehmen einen neuen Markt, den man für sich gewinnen konnte. Am Anfang waren die Webseiten aber noch sehr unhandlich – wenn man sie mit den heutigen Webseiten vergleicht. Diese Analogie zieht auch der Gründer der Messaging-Plattform Kik. Er vergleicht im Dezember 2016 die Chatbot-Technologien mit den ersten Websites des Internets aus dem Jahr 1996:

»Chatbots today are where websites were in the mid-1990s. They're basic, but they have a fundamental friction advantage. And they will get better and better.«[9]

Apps werden sich wohl sowieso nicht durchsetzen?

Betrachten wir die nächste Stufe der Softwarenutzung: Apps. Zwischen 2006 und 2008 erschienen die ersten Smartphones und damit auch die ersten Apps. Dabei gab es eine ähnliche Situation: Was ist eine App? Warum brauche ich eine? Apps werden sich ja eh nicht durchsetzen. Doch damals gab es bereits viele Menschen, die Apps nur deshalb herunterluden, weil sie im Trend lagen oder schlicht weil es eine neue Technologie war. Hätte man damals schnell gehandelt und in der Anfangszeit eine App veröffentlicht, hätte sie relativ schnell und einfach viele Menschen erreicht.

Wie die ersten Apps, sieht Phil Libin, Chef des Softwareunternehmens Evernote, dass sich Chatbots in der Phase der »Early Adoption« befinden.[10] Obwohl die Apps am Anfang als Gimmicks bezeichnet wurden, sind sie heute kaum mehr wegzudenken. Trotz der Einschränkungen, die ein Smartphone im Vergleich zu einem Desktopcomputer oder einem Notebook mitbringt – wie etwa eine schwächere CPU –, haben sich viele Apps durchgesetzt, da Smartphones auch über Features verfügen, die Apps erst einzigartig machen, etwa Location Based Services, wie sie bei Uber oder Tinder genutzt werden.

Laut Zahlen der Citigroup war das Wachstum der auf Facebooks Messenger-Plattform verfügbaren Bots ungefähr um 70 Prozent höher als das Wachstum der iPhone-Apps zum Start von Apples App Store.[11]

Bild 1.5: Von Web zu Apps und jetzt zu Chat? (Quelle: *https://www.ben-evans.com/benedictevans/2016/3/30/chat-bots-conversation-and-ai-as-an-interface*)

Eins ist klar: Die digitale Revolution ist bereits da. Man kann es mit der Eisenbahn vergleichen. Damals haben sich viele nicht getraut, mit 30 km/h zu fahren. Sie hatten das Gefühl, dass sie die schnelle Geschwindigkeit nicht überleben würden. Es brauchte zehn Jahre, bis sich die Menschen an die Eisenbahn als Transportmittel gewöhnt hatten.[12]

Wie früher bei Domains und Apps, so stellen wir uns heute bei Chatbots folgende Fragen:

- Chatbots, was ist das?
- Wird sich ja eh nicht durchsetzen, wieso brauchen wir das?
- Ist Chat die neue E-Mail? Das neue Telefon? Oder sogar das neue Internet?
- Und erlebt die Technologie eventuell auch bald ein Boost wie Domains oder Apps?

Noch befinden sich Chatbots in einem frühen Entwicklungsstadium. Die meisten Nutzer und Entwickler sehen Chatbots noch als Experiment, was für neue Technologien nicht ungewöhnlich ist. Vor 20 Jahren fühlten sich viele Menschen unwohl, wenn sie Suchanfragen formulierten. Bei Ask.com konnten Nutzer etwa nach wohlformulierten Fragen suchen. Diese Nutzer haben ihr Verhalten aber inzwischen an eine Suchmaschine angepasst: die Google-Suche. Wie viele Nutzer werden ihr Verhalten anpassen, um in Zukunft die Vorteile der Chatbots besser zu nutzen?[13]

Der Desktopcomputer hat die Rechenpower der Großcomputer nach Hause gebracht. Das Web hat es ermöglicht, Informationen aus der ganzen Welt zu finden. Mobile Endgeräte haben den mächtigen Computer plötzlich in die Hosentasche verlagert. Und Chatbots ermöglichen es, jederzeit mit Menschen, Services und Dingen zu interagieren.[14]

2 Was sind Chatbots?

»Bots are the new apps«, sagt Microsoft-CEO Satya Nadella.[15]

Chatbots, kurz Bots, gelten als die neuen Apps, und doch existiert die Technologie bereits seit mehreren Jahren. Einer der ersten Chatbots war ELIZA[i], ein Programm aus dem Jahr 1966, das ein Gespräch mit einem Psychotherapeuten simulierte. ELIZA soll so gut gemacht gewesen sein, dass sie häufig für einen echten Menschen gehalten wurde. Das ging sogar so weit, dass Menschen ihre Mitmenschen darum baten, den Raum zu verlassen, damit sie ihre intimsten Geheimnisse mit ELIZA teilen konnten. ELIZA reagierte auf bestimmte Schlüsselwörter, um den Eindruck eines menschlichen Gesprächspartners zu vermitteln.[16]

2.1 Inwiefern unterscheiden sich Chatbots?

Egoshooter-Fans erinnern sich noch an die Zeiten der LAN-Partys, bei denen man sich zu nächtelangen Computerspielen traf. Manchmal brauchte man beim Spielen auch eine Pause, oder es gab Situationen, in denen nicht genug Mitspieler vor Ort waren. Eigentlich hätte das bedeutet, die Party auflösen zu müssen, weil es nicht genügend Spieler gab, aber dank der Möglichkeit, auch Bots als Mitspieler einzuladen, konnte man trotzdem faire Teams bilden oder sogar nur gegen die computergesteuerten Mitspieler spielen. Bots waren in diesem Zusammenhang also künstliche Mitspieler, die vom Computer gesteuert wurden.

Bots
Bots, die Kurzform von Roboter, sind Programme, die autonom mit Systemen oder Nutzern interagieren.

Andrew Leonard beschreibt Bots in seinem Buch »Bots: The origins of new species« folgendermaßen:

»A bot is a software version of a mechanical robot. Like a mechanical robot it is guided by algorithmic rules of behavior – if this happens, do that; if that happens, do this.

---

i ELIZA auf Deutsch selbst ausprobieren: *http://www.med-ai.com/models/eliza.html.de*

But instead of clanking around a laboratory room bumping into walls, software robots are programs that maneuver through cyberspace, bouncing off of communication protocols and operating systems. Bots are variously designed to carry on conversations, act as human surrogates, or achieve specific tasks – in particular, to seek out and retrieve information. Bots entertain, annoy, work and play.«[17]

Bild 2.1: Bot, kurz für Roboter. (Quelle: *pixabay.com/de/roboter-maschine-technologie-312566/*)

Gartner, ein Anbieter für Marktforschungsergebnisse und Analysen über Entwicklungen in der IT, definiert den Begriff als virtuellen Assistenten:

»*A virtual assistant (VA) is a conversational, computer-generated character that simulates a conversation to deliver voice- or text-based information to a user via a Web, kiosk or mobile interface. A VA incorporates natural-language processing, dialogue control, domain knowledge and a visual appearance (such as photos or animation) that changes according to the content and context of the dialogue. The primary interaction methods are text-to-text, text-to-speech, speech-to-text and speech-to-speech.*«[18]

Es gibt noch keine einheitliche Definition für Chatbots. Der große Schwerpunkt bei Chatbots liegt auf der Konversation. Man spricht auch von »Conversational Interfaces«, autonome Programme, die auf Sprachsteuerung (verbale Kommunikation) oder Texteingabe (schriftliche Kommunikation) reagieren mit dem Ziel, virtuelle Nutzer zu schaffen, die in Chats oder anderen digitalen Kanälen einen Gesprächspartner simulieren und dabei Menschen im Alltag sowie im Beruf unterstützen. Dabei können sie verschiedene Medien und Formen annehmen: »They can be available in a variety of formats, from voice skills to SMS notifications. Chatbots have the power to reach the user like any other person in their preferred messaging app.«, sagte Greg Leuch, Head of Product bei Poncho.[19]

Poncho ist ein Paradebeispiel für einen erfolgreichen weltweiten Chatbot.

2.2 Natürliche Chatbots-Habitate

Natürliche Habitate von Chatbots als Konversationsmaschinen sind Instant-Messenger wie der Facebook Messenger oder Telegram. Doch sie lassen sich auch als eigene App oder innerhalb einer eigenen Website platzieren. Das Beispiel unten zeigt die App des Berliner Start-ups Taxfix. Sie führt den Nutzer anhand von einfachen Fragen zu seiner persönlichen Steuererklärung. Der Nutzer wählt dabei vordefinierte Antworten aus, die die App vorgibt. Der Chatbot ersetzt hier eine klassische Nutzeroberfläche.

Bild 2.1: Der Taxfix-Chatbot als native App. (Quelle: Taxfix, Google Play)

2.3 Chatbots per Spracheingabe steuern

Chatbots beschränken sich nicht nur auf die Bedienung per Textnachricht, sie lassen sich auch über eine Spracheingabe steuern. Prominente Beispiele dafür sind Amazon Alexa, Apple Siri und der Google Assistant. Assistenten, die per Spracheingabe den Alltag ihrer Nutzer erleichtern sollen, stehen bei Fragen zum Wetter, zu aktuellen Nachrichten oder zur Terminverwaltung immer zur Seite.

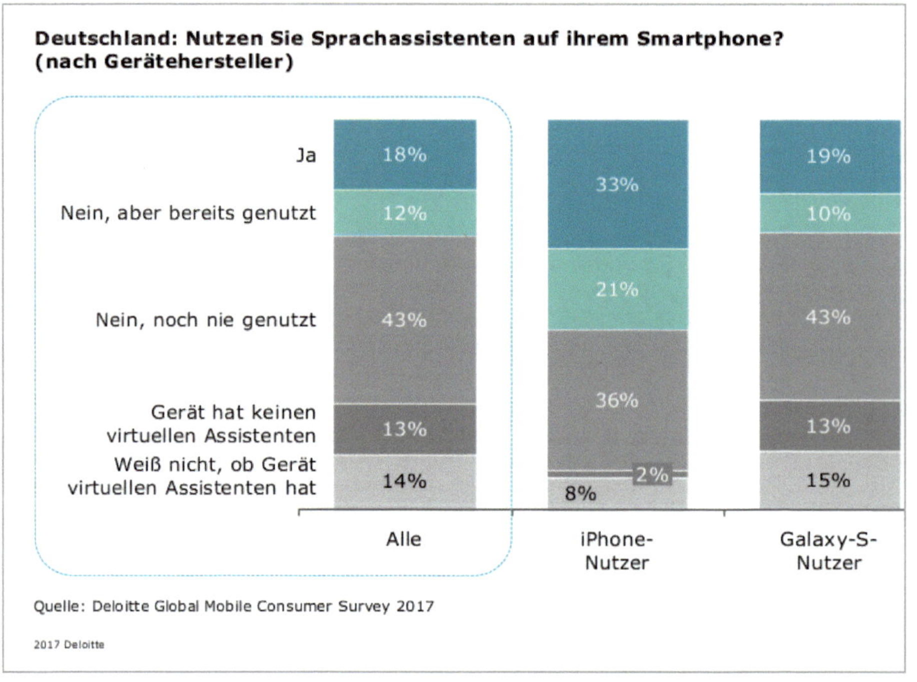

Bild 2.2: Sprachassistent auf dem Smartphone. (Quelle: Deloitte Global Mobile Consumer Survey)

Man kann sagen, dass sie zu den Master-Chatbots gehören, da man über sie auch andere Apps öffnen und steuern kann. Obwohl die Sprachassistenten auf dem Smartphone aktuell noch kaum genutzt werden, sagt man ihnen ein großes Umsatzpotenzial voraus.

»Sprachassistenten sollen sechs Mal mehr Umsatz bringen, und das schon in den nächsten drei Jahren«, so beschreibt es das Branchenmagazin Absatzwirtschaft.de im Januar 2018.[20]

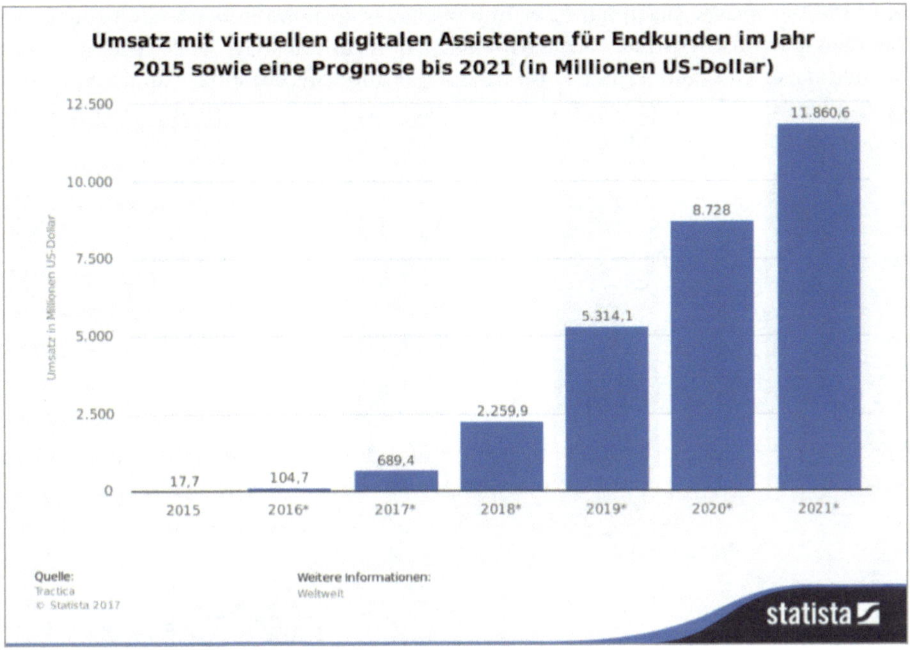

Bild 2.3: Umsatzdiagramm mit virtuellen digitalen Assistenten für Endkunden. (Quelle: Statista)

Zusammenfassung der Kernbegriffe:

- **Bot**: ein autonomes Programm.
- **Chatbot**: ein Bot, der über natürliche Sprache/Gespräche kommunizieren kann.
- **Sprachassistent**: Chatbots wie Siri, Alexa, Cortana oder der Google Assistant.
- **Conversational Commerce**: eine neue Form des E-Commerce. Kunden nutzen statt klassischer Formulare oder Eingabemasken Conversational Interfaces, um in natürlicher Sprache mit Unternehmen oder Marken zu kommunizieren.

2.4 Bots für nur einen Anwendungsfall

Es gibt Chatbots, die, anders als Alexa oder Siri, nur einen Anwendungsfall verfolgen und speziell für eine oder auch mehrere Plattformen entwickelt werden. Ein Beispiel ist Poncho, eine Katze, die auf Nachfrage das Wetter vorhersagt – und das auf eine besonders charmante Art und Weise. Man bekommt nämlich nicht nur die nackten Informationen, sondern auch ein animiertes GIF oder einen lustigen Spruch dazu. Die Wetterkatze kann man sogar abonnieren, sodass man das Wetter etwa abends und morgens automatisch erhält. Der Chatbot existiert im Facebook Messenger, als eigenständige App und auf vielen weiteren Plattformen.

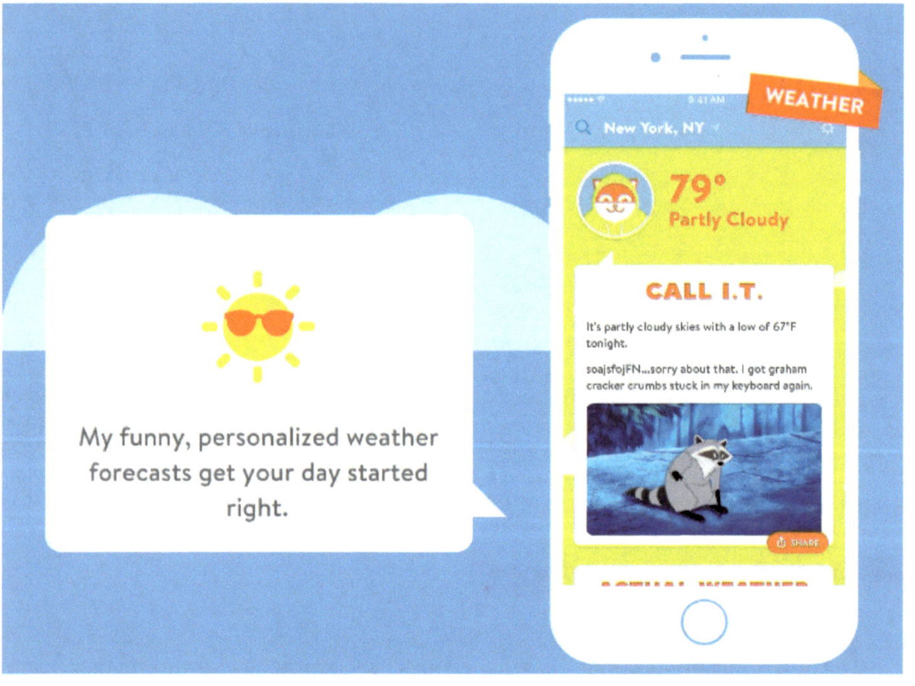

Bild 2.4: Wettervorhersage mit Witz! Der Chatbot Poncho prognostiziert, wann es regnet. (Quelle: *https://poncho.is/*)

Wie menschliche Gesprächspartner erscheinen Chatbots häufig als eigene User in bestimmten Kanälen.

Ein solcher Kanal kann zum Beispiel sein:

- ein Dialogfenster in einer Website,
- ein Messenger: Facebook Messenger, WhatsApp, WeChat, Telegram etc.,
- ein Telefonkanal,
- eine eigenständige App,

- eine E-Mail oder auch
- persönliche Assistenten wie Amazon Alexa, Apple Siri oder Microsoft Cortana.

In diesem Kapitel haben wir zwei Arten von Chatbots kennengelernt:

- textbasierte Chatbots (in den Formen Freitext und Kommunikation über vorgegebene Buttons)
- Voice-basierte Chatbots/Assistenten

Jetzt kennen Sie die wichtigsten Chatbot-Typen. Aber warum sollten wir überhaupt Chatbots einsetzen?

3 Warum Chatbots?

Um das Potenzial von Chatbots zu verstehen, muss man begreifen, welche heutigen Prozesse sie eigentlich verändern. Häufig ist, z. B. vom Microsoft-CEO Satya Nadella, zu hören, Chatbots seien die neuen Apps.[21] Genau genommen ist das jedoch falsch. Chatbots ersetzen die Apps nicht. Sie ersetzen Eingabemasken in Apps oder Websites. Die Eingabemaske verwandelt sich in eine Konversation, die auch Buttons und vorgegebene Antworten zulässt.

3.1 Antwort auf unser Nutzungsverhalten

Wenn Nadella also sagt: »Chatbots are the new apps«, meint er, dass Chatbots die Antwort auf unser Nutzungsverhalten von Smartphones sind. Schließlich sind Messenger aus unserem Leben kaum mehr wegzudenken, und sie sind präsenter denn je.

Messenger als die wichtigste App-Gattung

Beim Interpretieren der Signale des Markts entpuppen sich Messenger als die wichtigste App-Gattung. 2015 benutzten 1,4 Milliarden Menschen mobile Chat-Software.[22]

Messenger werden nicht nur von Jugendlichen genutzt. Die folgende Grafik zeigt die meistgenutzten Apps, geordnet nach der Anzahl der Unique Visitors und unterteilt nach Altersgruppen.

Interessant ist, dass der Facebook Messenger jeweils immer in den Top-5-Apps vertreten ist und WhatsApp gar nicht in den Top 8 vorkommt. Dennoch gilt vor allem WhatsApp als zentraler Treiber für die Akzeptanz von Conversational Interfaces, denn diese App ist in Deutschland der einfachste und verbreitetste Weg, mit Freunden und Kollegen in Kontakt zu bleiben.

Bild 3.1: Meistgenutzte Apps nach Altersgruppen. (Quelle: *https://techcrunch.com/2017/08/25/majority-of-u-s-consumers-still-download-zero-apps-per-month-says-comscore/*)

Viele Menschen kaufen sich häufig nur deshalb Smartphones, um mit ihren Mitmenschen chatten zu können, etwa Senioren[23] oder zwölfjährige Schulkinder[24], die sonst den Anschluss an die Kommunikation der Schulklasse verlieren würden.

Laut einer repräsentativen Studie des Digitalverbands Bitkom verwenden neun von zehn Internetnutzern in Deutschland Kurznachrichtendienste wie WhatsApp, Facebook Messenger oder iMessage. Bei den Jüngeren zwischen 14 und 29 Jahren nutzt inzwischen nahezu jeder (98 Prozent) Messenger. Unter den 30- bis 49-Jährigen sind es 94 Prozent, bei den 50- bis 64-Jährigen 81 Prozent und bei der Generation 65+ 70 Prozent.[25] [26]

Starke Vereinfachung von Chat-Interfaces

Angetrieben durch SMS-Flatrates, verschickte ein Deutscher 2014 im Schnitt 450 SMS pro Jahr.[27] Doch bereits seit 2013 ging es mit den Kurznachrichten schon wieder bergab, denn in dem Moment, in dem Smartphones auf den Markt kamen, wurde die SMS mehr und mehr durch Messenger abgelöst. Die Gründe dafür liegen auf der Hand:

Bild 3.2: Wie man SMS im Jahr 2003 verschickte. (Quelle: *http://dangrover.com/blog/2016/04/20/bots-wont-replace-apps.html*)

Messenger ermöglichen die bequeme Nutzung am Computer. Auch das Versenden von Sprachnachrichten, Bildern und Videos ist dank Internetflatrate kostenfrei möglich, sogar über Ländergrenzen hinweg. Die Geschichte der Chat-Interfaces begann jedoch viel früher, wie die folgende Abbildung zeigt.

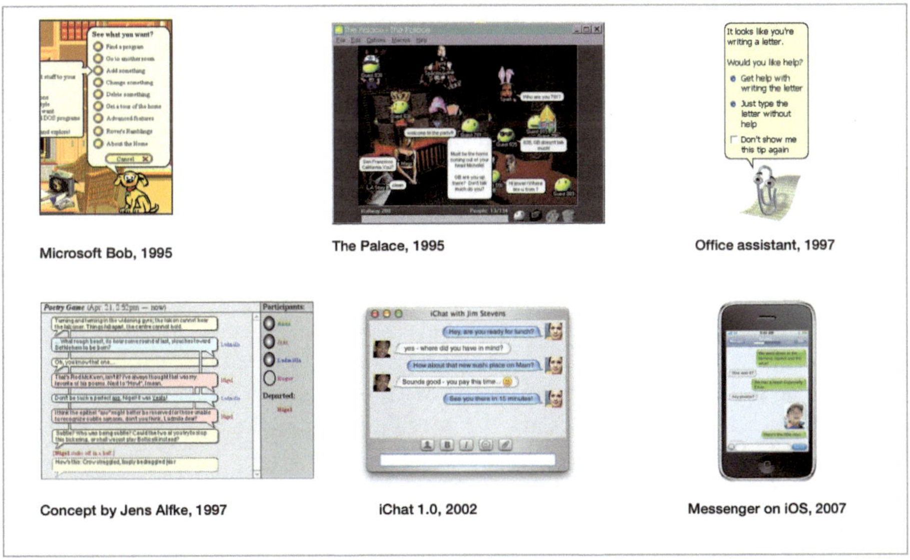

Bild 3.3: Geschichte der Chat-Interfaces im Überblick. (Quelle: *http://dangrover.com/img/content/conversational-ui/ChatBubblesThroughHistory@2x.png*)

Es fing an mit den ersten persönlichen Assistenten, etwa der Büroklammer »Karl Klammer«, die Nutzer von Microsoft-Office-Produkten unterstützte, und reichte bis zur ersten Konzeptskizze eines Dialogsystems, das einen Chat-Verlauf als comicähnliche Sprechblasen darstellte. Sie stammt von Jens Alfke aus dem 1997.[28] Erst drei Jahre später begann Alfke bei Apple als Programmierer für die Entwicklung von iChat. Seine Ursprungsskizze findet man heute in den meisten Messengern wieder.

3.2 Schnittstelle zwischen Verbraucher und Unternehmen[29]

Wegen der weiten Verbreitung und vereinfachte Eingabemasken kommunizieren Menschen bereits immer öfter lieber per Chat mit einem Service. Einer dieser Menschen ist der Technikjournalist Jon Bruner, der in einem seiner Podcasts sagte: »I can't text this service?! This service sucks!«[30]

Noch weiter geht Niko Bonatsos. Seiner Meinung nach verbringen wir 90 Prozent unserer Smartphone-Zeit in E-Mail-Programmen und Messengern.[31] Und Niko Bonatsos weiß, wovon er spricht. Er ist Managing Director bei General Catalyst, einer Venture-Capital-Firma aus den USA, die Airbnb, Snapchat und viele weitere digitale Schwergewichte zu ihrem Investment-Portfolio zählt.

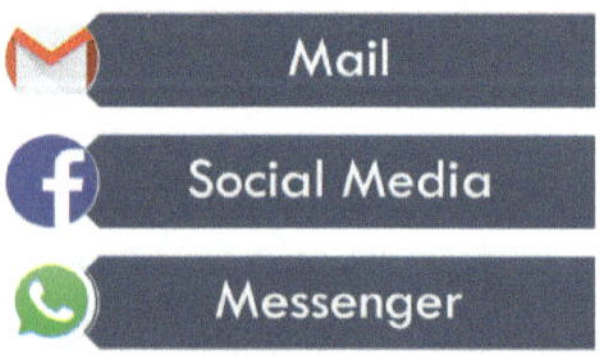

Bild 3.4: Die drei Kategorien der meistgenutzten Apps. (Quelle: Autor)

Wenn wir so viel unserer Smartphone-Zeit in Messengern verbringen, dann steuern wir womöglich bald unsere Apps aus der Messenger-Inbox heraus. Daraus ergeben sich zwei Konsequenzen:

- Die Inbox wird der neue Homescreen[32].
- Chat-Apps werden die neuen Browser.

Ted Livingston, Gründer der Chat-Plattform Kik, sieht Chat-Apps als die neuen (Web-)Browser. Und Chatbots werden die neuen Websites sein. Ein berechtigter Vergleich, denn wenn wir eines Tages alle unsere benötigten Inhalte innerhalb eines Messengers erhalten und über alle Services verfügen können, warum dann noch einen Browser nutzen?

Womöglich wird das World Wide Web, wie wir es heute kennen, nicht vollständig ersetzt werden können, Livingston sieht Chat-Apps wie den Facebook Messenger oder den Messenger Kik jedoch als den Anfang eines neuen Internets. Auch das Magazin »Wired« sieht in Chat-Plattformen mehr als nur die Möglichkeit, Nachrichten auszutauschen, und sagt voraus, dass Chat-Plattformen zu »Sub-Netzen« des World Wide Web heranwachsen werden: »What's more, messaging platforms are becoming mini-webs — all-in-one spots for us to do way more than talk to our friends.«[33]

Und hier kommen wir zu einem weiteren starken Argument, das für Chatbots spricht: Die eigenen Messenger-Plattformen wie Kik oder Facebook Messenger bieten ein ganz neues Ökosystem, um die Zielgruppe zu erreichen.

Man kann die Messenger-Plattformen durchaus mit dem Apple App Store vergleichen: ein geschlossenes System, in dem Entwickler Chatbots erst durch einen Kontrollprozess freigeben lassen müssen. Der Unterschied besteht darin, dass die Zielgruppe häufig bereits registriert ist und den Chatbot nicht erst herunterladen muss, sondern das Serviceangebot durch das Versenden einer Nachricht sofort starten kann.

Im Vergleich zu einer App aus einem App Store verliert man bei jedem nötigen Schritt – App finden, herunterladen, Berechtigungen freigeben, öffnen etc. – im Schnitt 20 Prozent der Nutzer.[34]

Google präsentierte auf seiner Entwicklerkonferenz im Jahr 2015 folgendes Rechenbeispiel[35]: Angenommen, es sind sechs Schritte zur Nutzung der App notwendig – bei 1.000 Nutzern sind dann nur noch 262 Nutzer übrig, die die App mit hoher Wahrscheinlichkeit öffnen werden.

3.3 Messenger gegen App-Sättigung

Wie oben beschrieben, ersetzen Chatbots Apps nicht, stattdessen verwandeln sich Eingabemasken in Apps oder Websites in Gespräche mit Buttons oder freier Texteingabe. Doch durch die neuen Messenger-Plattformen wie Facebook Messenger oder Kik bietet sich eine ganz neue Chance, die Zielgruppe zu erreichen, denn das Geschäft mit Apps geht langsam zurück. Es wird immer schwieriger, Kunden zu überzeugen, neue Apps herunterzuladen und zu nutzen. Nutzer haben das Interesse verloren, neue Apps auszuprobieren. Ein Viertel aller heruntergeladenen Apps wird nach einmaliger Nutzung nie wieder geöffnet.

App-Downloads in den USA und Europa

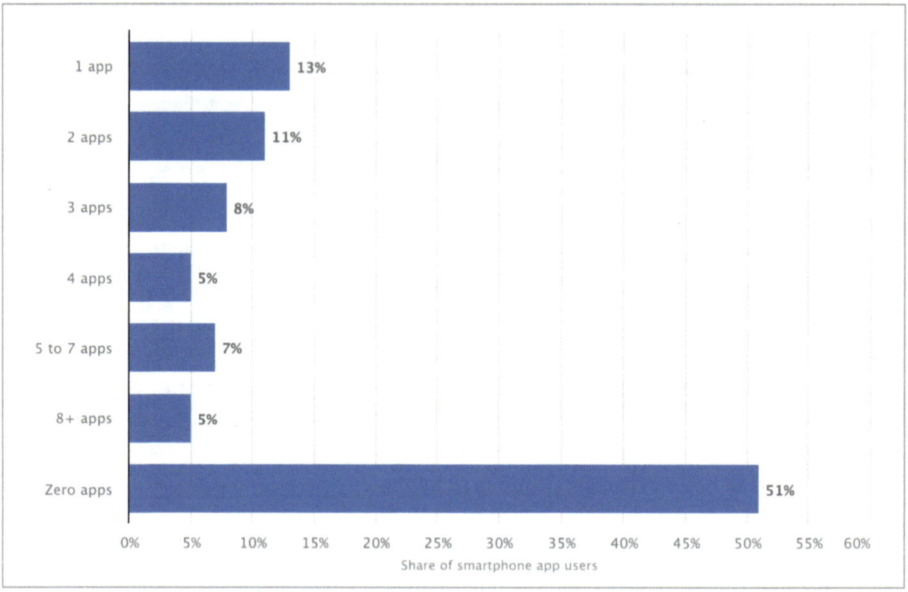

Bild 3.5: Anzahl der App-Downloads im Monat pro Nutzer in den USA im Juni 2017. (Quelle: *https://www.statista.com/statistics/325926/monthly-app-downloads-of-us-smartphone-users/*)

Die Studie zeigt, dass 51 Prozent der Nutzer in den USA im Monat Juni 2017 keine neue App heruntergeladen haben. Bis 2016 war in Europa von App-Sättigung noch nichts zu spüren. Das zeigt eine Studie, die von Adobe in Auftrag gegeben wurde. Die folgende Grafik macht deutlich, dass die Installationen neuer Apps in Frankreich, Deutschland und Großbritannien nur um 5 Prozent zurückgegangen sind, in den USA hingegen seit Dezember 2014 um erstaunliche 38 Prozent.

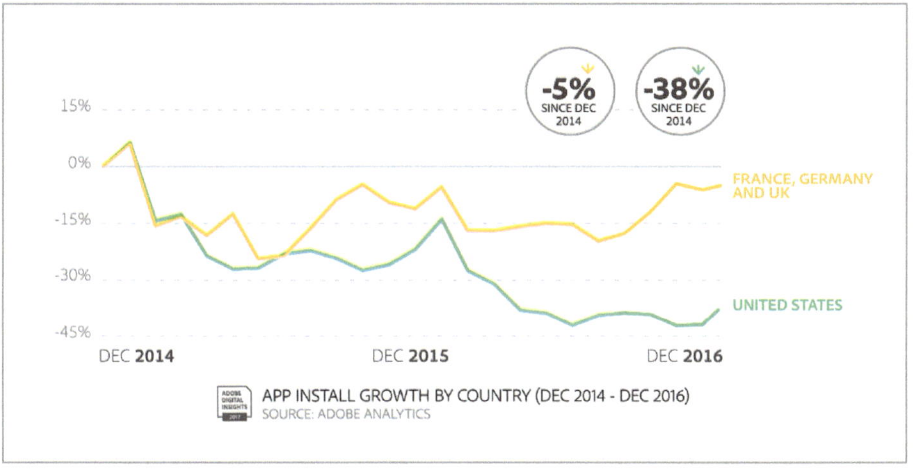

Bild 3.6: Installation neuer Apps in Frankreich, Deutschland und Großbritannien im Vergleich zu den USA. (Quelle: *http://www.cmo.com/adobe-digital-insights/articles/2017/2/20/adi-is-europe-in-the-middle-of-a-smartphone-divide.html#gs.XQqBlkk*)

Mobile-Expertin Jessica Ekholm vom Analysedienst Gartner geht mit ihrer Aussage in einem Interview vom Juli 2018 noch einen Schritt weiter: »In Europa und den USA ist der App-Boom längst vorbei. Wir bewegen uns aktuell in Richtung einer Post-App-Welt.«[36]

Das globale Beratungsunternehmen Gartner unterstützt IT-Entscheider nicht nur bei ihren Analysen. Es ist vor allem durch den jährlich erscheinenden Hype Cycle bekannt, der die Trends und Technologien der kommenden Jahre vorherzusagen versucht.

Doch warum erreichte der globale App-Markt hinsichtlich der Anzahl der Downloads und der erzielten Umsätze neue Rekorde, wenn in den USA bereits eine App-Sättigung eingetreten ist? Die Antwort ist einfach: Vor allem in Asien und Indien wächst der Markt der Apps aktuell noch massiv.[37]

Retention Rate
Es reicht nicht aus, wenn ein Nutzer eine App nur herunterlädt und dann nicht mehr nutzt. Ein wichtiges Merkmal, um den Erfolg von Apps zu messen, ist die sogenannte Retention Rate. Und in eben diesem Faktor unterscheidet sich Deutschland sehr stark von China. Wie steht es also um die tatsächliche Nutzung von Apps?

App-Nutzung in Deutschland und den USA

Laut einer Studie[38] verfügt Deutschland im europäischen Vergleich über die aktivsten App-Nutzer innerhalb der ersten sieben Tage nach dem Download einer App. Und selbst nach 30 Tagen liegt die Retention Rate in Deutschland noch bei durchschnittlich 10 Prozent. China hingegen zeigt einen ganz anderen Trend. Bereits einen Tag nach dem Download sind 80 Prozent der chinesischen Nutzer nicht mehr in einer neuen App aktiv. Wie sieht dagegen die App-Nutzung in den USA aus?

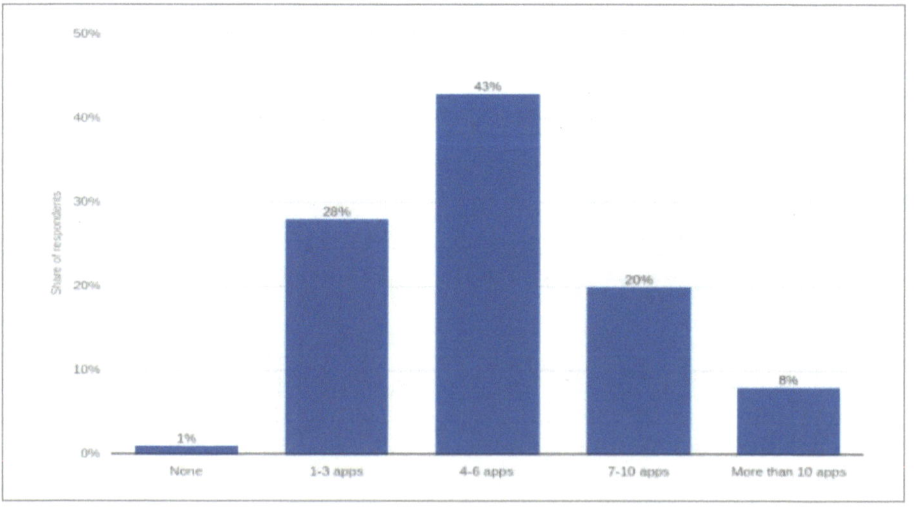

Bild 3.7: Durchschnittliche App-Nutzung in den USA pro Tag im August 2015. (Quelle: *https://www.statista.com/statistics/473831/number-of-daily-smartphone-apps-used-usa/*)

Die Studie der durchschnittlichen App-Nutzung pro Tag in den USA zeigt, dass 72 Prozent der Nutzer weniger als sechs unterschiedliche Apps täglich nutzen. Häufig beschränkt sich die Nutzung des Smartphones auf folgende Apps: E-Mail, Social Media und Messenger.

Eine Studie von ComScore kommt sogar zu einem noch drastischeren Ergebnis. Demnach verbringt eine Person im Schnitt 80 Prozent ihrer Zeit mit nur drei Apps. Immer weniger Menschen interessieren sich heutzutage für neue Apps.[39]

In Deutschland nutzen acht von zehn Menschen ein Smartphone. Wachstumspotenzial gibt es vor allem noch bei Senioren.[40] Lösen mehr Smartphones das Problem, dass sich Menschen nicht mehr für neue Apps interessieren? Nicht unbedingt, denn die meisten Smartphones kommen bereits mit vorinstallierten Apps, die viele Funktionen abdecken. So installierte 2018 nur jeder zweite Nutzer in Deutschland zusätzliche Apps. Bei den 50- bis 64-Jährigen verzichten sogar 77 Prozent auf zusätzliche Apps.[41]

Die Verbreitung von Wearables wie Smartwatches und Fitnessarmbändern soll in Deutschland im Jahr 2022 auf stolze 6,6 Millionen Geräte ansteigen. Im aktuellen Jahr 2018 sind es 6,2 Millionen.[42] Die Geräte erweitern zwar das App-Ökosystem[43], aber viele bestehende Apps werden für sie nur in der Darstellung angepasst. Ein App-Boom ist hier nicht zu erwarten. Man kann also davon ausgehen, dass in Deutschland die App-Sättigung immer weiter zunehmen wird.

Bild 3.8: Selbst in noch nicht so stark digitalisierten Branchen wie dem Handwerk ist WhatsApp sehr verbreitet. (Quelle: Autor)

3.4 Leistungsstarke KI-Systeme

Hinzu kommt, dass die künstliche Intelligenz in den letzten Jahren massiv an Entwicklung zugelegt hat. Computer gelangen immer näher an den Punkt, an dem Nutzer komplexe Gespräche mit ihnen führen können. Als starker Motor für die Entwicklung von neuen Chatbots gelten die neuen AIaaS-Plattformen (*Artificial Intelligence as a Service*), wie das Microsoft-Bot-Framework oder Dialogflow von Google. Damit können Unternehmen ohne AI-Wissen ihre Chatbots selbst gestalten.[44]

Dank effizienterer Prozessoren und einer größeren Menge von nutzbaren Daten beschleunigt sich die Entwicklung der künstlichen Intelligenz bzw. des Natural Language Processing ebenfalls enorm. Experten gehen davon aus, dass im Jahr 2020 Chatbots 80 Prozent der Kundendienste von großen Marken übernehmen werden.[45]

KI-Systeme
Die Rechenleistung von KI-Systemen verdoppelt sich alle dreieinhalb Monate.[46]

Hardwaremindestanforderungen vorhanden

Die für Chatbots erforderliche Hardware ist fast vollständig im Mainstream angelangt: Neben den Smartphones, die schon ab Werk über virtuelle Assistenten verfügen, gewinnen externe Lautsprecher wie Amazons Echo oder Google Home mehr und mehr an Bedeutung. So legte der Markt für Smart Speaker im Weihnachtsgeschäft 2017 in den USA um 50 Prozent zu.[47] In Deutschland sollen sich im dritten Quartal 2017 über sieben Millionen Smart Speaker verkauft haben.

3.5 Bremse Datenschutzbedenken

Allerdings wächst der Markt in Deutschland etwas langsamer. Ein Grund dafür könnten Bedenken beim Datenschutz sein: Gleich 77 Prozent der Deutschen haben diesbezüglich bei smarten Lautsprechern ein schlechtes Gefühl. Das zeigt eine repräsentative Studie von nextMedia.Hamburg.[48]

3.6 Chatbots und ihre Vorteile

Wenn man eine App zum ersten Mal nutzt, kann das sehr anstrengend sein. Man muss die App erst in den Stores finden, sie herunterladen und sich dann registrieren. Erst danach startet der Prozess, in dem man verstehen muss, wie die App überhaupt funktioniert. Im Gegensatz dazu ist ein Chatbot innerhalb einer Chat-Plattform wie Facebook Messenger oder Kik sofort verfügbar und einsatzbereit – weil die Interaktion als Chat abläuft.

In einer dem Nutzer bereits bekannten Umgebung weiß er sofort, wie er den Chatbot nutzen kann. Kein Download, keine Account-Registrierung, keine Lernkurve ist nötig.[49]

Man muss sich oft nicht mal extra registrieren, um einen Service zu nutzen. Chatbots im Facebook Messenger unterliegen den Gestaltungsvorlagen der Plattform. Nutzer des Facebook Messenger können Chatbots sofort nutzen, ohne sich für die Services registrieren zu müssen oder z. B. Apps herunterzuladen.

Den Vorteil der sofortigen Nutzbarkeit stellt Johannes Kuhn in der Süddeutschen Zeitung dar: »Ein hypothetisches Szenario: Im U-Bahnhof ist ein Sticker angebracht. Ein Tourist kann durch das Scannen einen Chatbot aktivieren, der nicht nur über Fahrplan und Verspätungen Auskunft geben kann, sondern auch Tickets verkauft. Der mühsame Download der örtlichen Verkehrsbetriebe-App wird überflüssig.«[50]

Auch im Kundenservice bringen Chatbots viele Vorteile mit sich, denn sie beantworten Anfragen sofort, sodass sich die Antwortzeiten reduzieren. Es gibt keine Wartezeiten in Form von Telefonschleifen mehr. Dies bietet die Chance einer höheren Kundenzufriedenheit.

Ein weiterer Vorteil: Chatbots können beliebig viele Anfragen gleichzeitig bearbeiten, und das 24 Stunden und sieben Tage die Woche. Das System ist sofort skalierbar. Unternehmen könnten mit weniger Supportmitarbeitern mehr Anfragen bearbeiten.

Die Vorteile im Überblick:

- **Geringer Datenverbrauch**. Keine Downloads, das heißt weniger Speicherplatzprobleme und daher eine bessere Nutzererfahrung.
- **Konsistente Nutzerführung**.
- **Generierte Inhalte**. Gespräche sind auch offline verfügbar, durchsuchbar und jeweils mit einem Zeitstempel versehen.

- **Medien und Links verfügbar.**
- **Chats in der Inbox.** Chats werden in der Inbox gehalten, anstatt Gefahr zu laufen, in einem Meer von Notifications unterzugehen.
- **Kundenservice.** Antwort- und Wartezeiten werden reduziert.

Zusammenfassung der Gründe für Chatbots:

- Die Downloadzahlen von Apps gehen zurück.
- 2020 sollen Chatbots 80 Prozent der Kundendienste großer Marken übernehmen.
- Nutzer verbringen mehr Zeit auf Chat-Plattformen als in Social Media.
- Menschen gewöhnen sich immer mehr an Chat-Nachrichten.
- Die fortschreitende Entwicklung von künstlicher Intelligenz sowie die Möglichkeit, Nutzer ohne App-Download und Installation zu erreichen, beschleunigen die Verbreitung von Chatbots.[51]

Chatbots existieren bereits seit 1960. Dialogsysteme sind also keine Weltneuheit. Woher kommt plötzlich die Begeisterung? Ganz einfach: Unser Kommunikationsverhalten hat sich verändert. Das folgende Kapitel erläutert, wie wir uns bereits verändert haben und warum das für den Einsatz von Chatbots spricht.

4 Verändertes Kommunikationsverhalten

Bereits seit ein paar Jahren wachsen Kinder mit mobilen Endgeräten auf. Ihr Nutzerverhalten schwankt natürlich noch sehr. Bei einigen Kleinkindern hat man aber ein interessantes Phänomen festgestellt: Sie gewöhnen sich an die Wisch- und Zoombewegungen bei Tablets. So hat manches Kind die gleichen (motorischen) Bewegungen bei einer (analogen) Zeitschrift probiert, um ein Foto zu vergrößern – natürlich mit wenig Erfolg.

Bild 4.1: Babys, die erst sechs Monate alt sind, nutzen Smartphones oder Tablets bereits bis zu einer Stunde täglich.[52] (Quelle: Flickr, Steve Paine, CC BY-ND 2.0)

4.1 Einfluss der Technologie auf Kinder

Das ist nur ein Beispiel dafür, wie die Technologie unsere Kinder verändert oder, besser gesagt, verändert hat. Heute ist es schon keine Seltenheit mehr, wenn Mütter ihren schreienden Kindern ihr Smartphone in die Hand drücken, um sie abzulenken oder zu beruhigen. Babys, die erst acht Monate alt sind, schaffen es, Smartphones zu entsperren, nur um ihre Lieblings-App mit Tiergeräuschen zu starten. Wie gehen Kinder aber mit Chatbots um? Oder konkreter, mit virtuellen Assistenten wie Alexa oder Siri? Das hat das *Massachusetts Institute of Technology* (MIT) untersucht.

So gehen Kinder mit virtuellen Assistenten um

Eine Studie des MIT Media Labs[53] untersuchte 27 Kinder im Alter zwischen drei und zehn Jahren daraufhin, wie sie mit virtuellen Assistenten umgehen. Geräte wie Alexa, Google Home sowie der Chatbot Julie und ein Spielzeug-Bulldozer, der auf den Namen Cozmo hört, waren dabei.

Bild 4.2: Wie gehen Kinder mit virtuellen Assistenten um? (Quelle: *http://robotic.media.mit.edu/wp-content/uploads/sites/14/2017/06/idcwp0180-drugaACR.pdf*)

Die Kinder nahmen die virtuellen Assistenten als echte Personen wahr und stellten ihnen sofort persönliche Fragen: Alexa, wie alt bist du? Alexa, was bist du? Manche dachten auch, dass sie über mehrere Persönlichkeiten verfügten. Weiß Alexa einmal nicht weiter, fragt man einfach eine andere Alexa, die gerade im Nachbarraum steckt.

Bild 4.3: Nahezu 80 Prozent der Kinder glauben das, was Alexa von sich gibt. (Quelle: *http://robotic.media.mit.edu/wp-content/uploads/sites/14/2017/06/idcwp0180-drugaACR.pdf*)

Wir trauen einer Waschmaschine zu, dass sie unsere Wäsche wieder sauber macht, einem Geldautomaten, dass wir unser Bargeld erhalten. Aber wir bauen mit den Maschinen bisher keine Beziehung auf und geben ihnen keine eigenen Namen – meistens. Die nächste Generation wird in einer Umgebung aufwachsen, in der es normal sein wird, von autonomen Assistenten unterstützt zu wenden.

Rund 80 Prozent der Kinder dachten, dass Alexa immer die Wahrheit sagt. Man könnte natürlich argumentieren, dass das nicht so schlimm sei, weil man ja auch nicht von jedem Buch oder sonstigen Medien behaupten kann, dass es immer die Wahrheit erzählt – Stichwort »Fake-News«. Aber es bleibt der bittere Beigeschmack, dass die junge Generation für das Thema Datenschutz gar nicht erst sensibilisiert wird, da sie eine persönliche Beziehung zu den Maschinen aufbaut.

Im Übrigen geht es ja nicht nur um die Wahrheit bei News bzw. um Datenschutz, das Internet ist voll von Quatsch, bei dem Kinder nicht zwischen Richtig und Falsch, Gut und Böse unterscheiden können. Das Thema ist viel umfassender.

Aus Marketingperspektive ergeben sich hier enorme Potenziale, aber auch die Verantwortung wächst, denn die Alexas der Zukunft werden unseren Kindern einfache und komplexe Entscheidungen abnehmen – Entscheidungen wie »Was sollte ich essen? Lieber den Avocadosalat? Oder könnte ich mir doch den Burger gönnen? Was soll ich meinem Freund schenken? Oh, und: Wie sieht mein perfekter Lebenspartner aus?«[54]

4.2 Digitale Technologien haben einen Preis

Digitale Technologien machen uns immer stärker von neuen Stimuli abhängig. Daher fällt es manchen Menschen mittlerweile schwer, in Ruhe ein Buch zu lesen, ohne ständig auf das Smartphone zu schauen, eventuell sind ja in den letzten Minuten neue Benachrichtigungen angekommen? Laut einer Studie unterbrechen wir unsere Tätigkeiten alle 18 Minuten, um unser Smartphone zu checken, durchschnittlich also 88 Mal am Tag.[55]

Sind Bücher langweilig geworden, weil sie keine Emojis enthalten? Oder weil nicht jeder Gedanke, der einem beim Lesen kommt, komfortabel via Tweet geteilt werden kann? Immer mehr Neurowissenschaftler bestätigen, dass unsere Gehirne anders reagieren als die der vorherigen Generationen, wenn wir täglich zehn Stunden auf den Bildschirm starren. Wir haben uns an die konstante Zufuhr von Likes und Benachrichtigungen gewöhnt. Bleibt sie aus, bekommen wir Entzugserscheinungen.

Man kann fast sagen, dass wir die Ablenkung brauchen, um produktiv zu sein.[56] Sich zu konzentrieren kostet Energie. Manche Menschen ziehen daher einfache Tätigkeiten vor, z. B. das Smartphone zu checken, um nicht in anstrengendes Nachdenken zu verfallen. Das demonstrierte eine Studie, bei der sich die Teilnehmer lieber Elektroschocks verpassten, anstatt sich zehn Minuten mit den eigenen Gedanken befassen zu müssen.[57]

Eric Schmidt, der vor Kurzem noch im Vorsitz des Verwaltungsrats des Google-Mutterkonzerns Alphabet saß, behauptet, dass wir durch die überwältigende Anzahl von Informationen und Unterbrechungen durch Benachrichtigungen unsere Fähigkeit, konzentriert zu denken, verändern: »I worry that the level of interrupt, the sort of overwhelming rapidity of information is in fact affecting cognition. It is affecting deeper thinking. I still believe that sitting down and reading a book is the best way to really learn something. And I worry that we're losing that.«[58]

Geringere Aufmerksamkeitsspanne als Goldfische

Das klingt erschreckend und alarmierend. Doch hat Schmidt recht? Eine Studie aus dem Jahr 2015 legt das zumindest nahe:

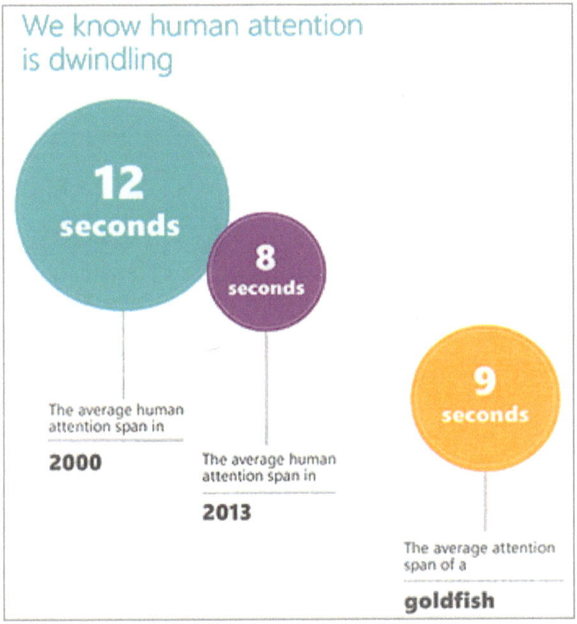

Bild 4.4: Infografik zu unserer gesunkenen Aufmerksamkeit. (Quelle: Statistics Brain)

Menschen haben eine geringere Aufmerksamkeitsspanne (acht Sekunden) als Goldfische (neun Sekunden) – so eine Studie, die von Microsoft Kanada in Auftrag gegeben wurde. Familien nutzen nicht mehr nur einen Desktoprechner, sondern oft Smartphones, Tablets und Notebooks gleichzeitig. Die Studie argumentiert, dass dies dazu beitragen, dass wir unsere mediale Aufmerksamkeit immer weiter verlieren.

Eine genaue Definition der Aufmerksamkeitsspanne gibt es in der Studie nicht. In der Psychologie erklärt man den Begriff wie folgt: »Aufmerksamkeitsspanne, Menge an Information, die z. B. einer Reizanordnung bei kurzzeitiger Darbietung entnommen werden kann.«[59]

Fraglich bleibt auch, woher die Studie die Daten zu den Goldfischen nimmt. So konnte beispielsweise das Genetic Literacy Project ausschließlich eine australische Studie finden, die sich mit dem Erinnerungsvermögen von Goldfischen beschäftigt. Demzufolge können sich diese über Jahre hinweg an Dinge wie etwa eine Futterquelle erinnern.[60]

Wenn man den Vergleich zwischen den kognitiven Fähigkeiten von Menschen und Goldfischen erst einmal zurückstellt und stattdessen die Aufmerksamkeitsspanne in Bezug auf den Konsum von Social-Media-Inhalten im Facebook-Newsfeed betrachtet, liegt unsere Aufmerksamkeitsspanne sehr deutlich unter acht Sekunden.

- Desktop-Newsfeed: 2,5 Sekunden
- Mobile-Newsfeed: 1,7 Sekunden

Je jünger die Menschen sind, umso schneller scrollen sie durch den Newsfeed und umso niedriger ist ihre Aufmerksamkeitsspanne, so eine Studie von Facebook IQ[ii].[61]

Hat der mobile Newsfeed bei einer Aufmerksamkeitsspanne von 1,7 Sekunden ausgedient? Marketingexperten fällt es immer schwerer, ihre Zielgruppe zu erreichen. Dies ist ein weiterer Vorteil von Chatbots: aus dem Feed herauszubrechen und die Nutzer via Benachrichtigungen und Nachrichten zu erreichen, auf die sie auch aktiv reagieren können.

4.3 Evolution? – Von Klick zu Touch zu Chat

Nicht nur die passive Nutzung und die damit verbundene Aufmerksamkeitsspanne haben sich verändert. Wie steht es um unsere Gewohnheiten bei der aktiven Eingabe? Wir bedienen Programme und Apps nicht nur per Maus oder Tastatur, sondern nutzen immer häufiger die Möglichkeit, unsere Befehle mündlich mitzuteilen, also via Sprachinterface.[62][63]

Den Anfang auf dem Massenmarkt machte Apple mit Siri im Jahr 2011. Ein Jahr später zog Google mit Google Now nach.[64] 2017 steuerten sechs von zehn Nutzern ihr Smartphone per Spracheingabe. Die häufigsten Anwendungsfälle sind Anrufe, Textnachrichten und Onlinerecherchen.[65]

---

ii Facebook IQ liefert Einblicke, Analysen und Publikationen zu Verbraucher-, Werbe- und Branchentrends auf Facebook, Instagram, Messenger und anderen Plattformen.

Vor allem beim Autofahren werden Smartphones per Sprachinterface genutzt. Die Verbreitung auf dem Massenmarkt wird vom Cloud Computing ermöglicht, da die gesprochenen Befehle meistens auf den Servern der Unternehmen verarbeitet werden.

Der Hauptgrund für den großen Durchbruch wird die eigene Bequemlichkeit sein, denn um es mit den Worten des Digitalexperten und Journalisten Sascha Lobo zu sagen: »Bequemlichkeit schlägt alles, sogar deutsche Bedenken. Das nächste Interface für die digitale Welt wird die Stimme. Die Einstiegsdrogen von Amazon und Google verbreiten sich auch hierzulande schnell, und die Folgen werden so tief greifend sein wie beim Smartphone.«[66] So beschreibt er es in seiner Kolumne bei Spiegel Online.

Auch Sprachnachrichten bei WhatsApp oder WeChat[iii] werden immer beliebter bei Nutzern.[67] Vor allem bei älteren Menschen, die sich mit neuen Technologien normalerweise schwertun, vereinfacht es die Kommunikation deutlich.[68] Im Jahr 2014 kamen zehn Prozent der Suchanfragen auf der chinesischen Suchmaschine Baidu via Voice.[69]

Emojis ersetzen die Handschrift

Das gedruckte Buch hat die Handschrift ersetzt. Wäre es so verrückt, zu denken, dass selbst das Buch, also das gedruckte Wort, bald ersetzt wird? Warum eigentlich nicht?[70] Durch Emojis? Im Jahr 2018 erwarten Experten 157 neue Emojis«[71]. »Zum Vergleich: Das Oxford English Dictionary fügt den bereits 600.000 notierten englischen Wörtern jährlich gerade mal 1.000 neue Wörter hinzu.«[72]

Vier von fünf Messenger-Nutzern verwenden Emojis beim Schreiben von Nachrichten, und im Schnitt werden zwei Emojis pro Nachricht eingesetzt.[73] Die Fluggesellschaft KLM Royal Dutch Airlines bietet über ihren Facebook-Messenger-Chatbot die Möglichkeit, ausschließlich via Emoji zu kommunizieren. Passagiere können nach dem nächsten Restaurant, Kleiderladen, Geldautomaten, Taxistand und mehr fragen, indem sie ein einfaches Emoji an die Fluggesellschaft senden.

---

iii WeChat gilt als beliebteste Messenger-App in China.

4.4 Menschen telefonieren ungern?

Die natürlichste Art der Kommunikation war schon immer die Sprache. Wenn die Entfernung zwischen zwei Menschen zu groß war, haben wir uns in der Vergangenheit mit Briefen beholfen. Am 26. Oktober 1861 sollte sich jedoch die Kommunikation für immer verändern. Mit der Erfindung des Telefons konnten wir über weite Entfernungen hinweg in Echtzeit miteinander kommunizieren – wir fingen an zu telefonieren.

Seitdem hat sich viel getan: Kommunikation wurde mobil, und heute können wir ortsunabhängig überall und zu jeder Zeit mit jedem reden. Doch wie beliebt ist das Telefon bei jungen Menschen oder Millennials wirklich? Telefonieren ist bei jungen Deutschen out. Stattdessen kommunizieren Kinder und Jugendliche lieber per Messenger oder SMS. 77 Prozent der jungen Generation halten so den Kontakt zu Freunden. Besonders ältere Jugendliche bevorzugen diese Kommunikationsform.[74]

»Nur fiese Menschen rufen an.« – den Grund dafür, dass Millennials so ungern telefonieren, beschrieb das Frauenmagazin EDITION F so.[75] Auch die Redaktion von jetzt.de beschreibt das Phänomen als »Die Angst vorm Telefonieren«.[76] Chatten gilt für viele als effektiver. Man verliert keine Zeit. Man kann darauf reagieren, wenn es einem passt. Man weiß, mit wem man es zu tun hat. Die andere Seite im Chat hört die Stimme nicht, was natürlich Vor- und Nachteile mit sich bringt. Chat-Nachrichten lassen sich auch öfter überprüfen, bevor man sie abschickt.

Laut einer Studie von eMarketer's[77] gaben 54,4 Prozent der Social-Media-Nutzer in den USA an, dass sie Chat-Nachrichten (einschließlich Messenger) E-Mail und Telefon vorziehen.

Die organische Reichweite von Social Media sinkt

Für das Portal »Werben und Verkaufen« sind Messenger der neueste Trend im Social-Media-Marketing. Während die organischen Reichweiten auf Facebook, Instagram und Twitter weiter sinken, kommen mobile Messenger ohne Algorithmus aus, der den Content bewertet und einstuft. Außerdem gehören Messenger zu den intimsten aller digitalen Kommunikationswege. Jede Meldung wird per Push auf dem Smartphone angekündigt.[78]

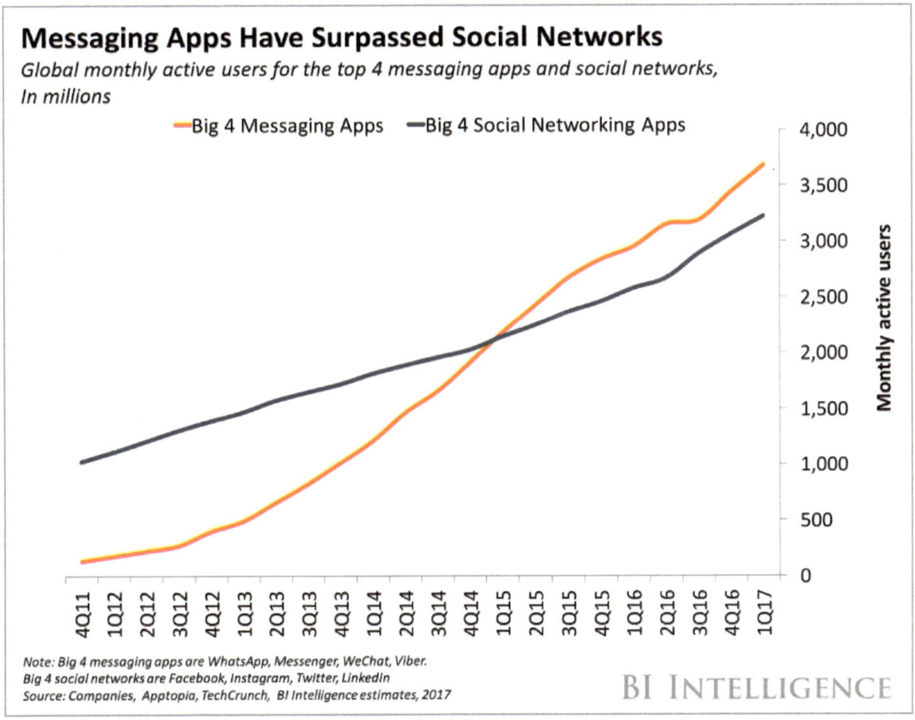

Bild 4.5: Deshalb nehmen immer mehr Unternehmen die große Nutzerbasis der Chat-Apps wahr und konzentrieren sich darauf, Services für die neuen Kanäle zu entwickeln und sie dann zu monetisieren. (Quelle: Bi Intelligence)

»Facebooks Versprechen an die Developer: eine neue Chance, auf Hunderte Millionen neuer Kunden zu treffen – im Messenger, mit einer Chatbot-Anwendung.«[79]

Dass Messenger-Dienste für viele Nutzer mittlerweile wichtiger sind als klassische soziale Netzwerke, wird besonders am Social-Media-Giganten Facebook deutlich: »Die Menschen verbringen mehr Zeit in der Messenger-App als im Netzwerk selbst. Das ist ein großer Wendepunkt. Messaging-Apps bilden die Zukunftsplattform, und Bots sind die Art und Weise, wie Kunden damit interagieren«[80], sagt Peter Rojas von Betaworks, einer auf digitale Plattformen spezialisierten Venture-Capital-Firma, die unter anderem in Tumblr, Airbnb und Twitter investiert hat.

So beschreibt es auch Michael Kroker von der Wirtschaftswoche am 2. Februar 2018: »Der Anteil bei der täglichen Nutzung ist bei Messengern etwa hier in Deutschland glatt mehr als doppelt so hoch – und zudem mit deutlich höheren Reichweiten und

Click-Through-Raten (CTR) als Facebook & Co. Die Verlagerung zumindest eines Teils der Kommunikation mit Kunden und Fans weg von Facebook hin in Richtung Messaging-Apps liegt also nahe – zumal man Nutzer dort noch viel direkter erreicht.«[81]

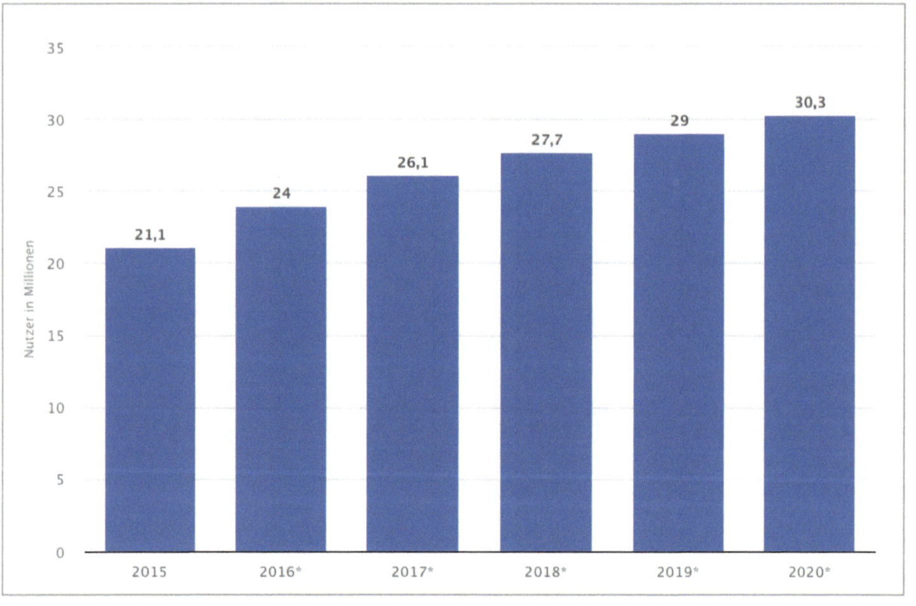

Bild 4.6: Anzahl der Nutzer von Messaging-Apps in Deutschland im Jahr 2015 sowie eine Prognose bis 2020 – in Millionen. (Quelle: Statista)

Benachrichtigungen werden häufig deaktiviert

Wenn Nutzer eine neue App installieren, deaktivieren sie häufig sofort die Benachrichtigungen. Die Ausnahme bilden Chat-Apps wie Messenger oder WhatsApp, denn hier ist es besonders wichtig, auf Nachrichten von Familie und Freunden zu reagieren. Noch ist unklar, wie lange sich der Kommunikationskanal »Chat« für das Marketing lohnen wird und wann der Zeitpunkt kommt, an dem Nutzer von den Nachrichten genervt sind oder den Überblick verlieren.

Unternehmen, die als Erstes einen Chatbot in der Kundenkommunikation einsetzen, haben große Chancen, noch nicht in der Masse unterzugehen. Facebook versichert[82], dass der Facebook Messenger nicht die Spam-Level zulässt, die wir von

E-Mail gewohnt sind. Unternehmen können Nutzer erst kontaktieren, wenn diese einer Konversation zugestimmt oder selbst eine Konversation initiiert haben.

Mit Unternehmen chatten wie mit Freunden

Mark Zuckerberg argumentiert, dass Menschen ungern jeweils eine App für den Arztbesuch, den Friseur und weitere Dienstleister installieren. Einfacher wäre es, wenn man mit ihnen kommunizieren könnte wie mit den eigenen Freunden – per Chat.

Als Facebook seine ersten Prototypen der Facebook-Messenger-Chatbots validierte, waren die Testpersonen von dem Service begeistert. Sie hatten vorher nie darüber nachgedacht, dass man mit Unternehmen auf die gleiche Art und Weise kommunizieren könnte wie mit den eigenen Freunden. Facebook hält die Chatbot-Nutzung daher für besonders intuitiv.[83] Einer der ersten Gehversuche war die Integration von Uber in den Facebook Messenger im Jahr 2015.

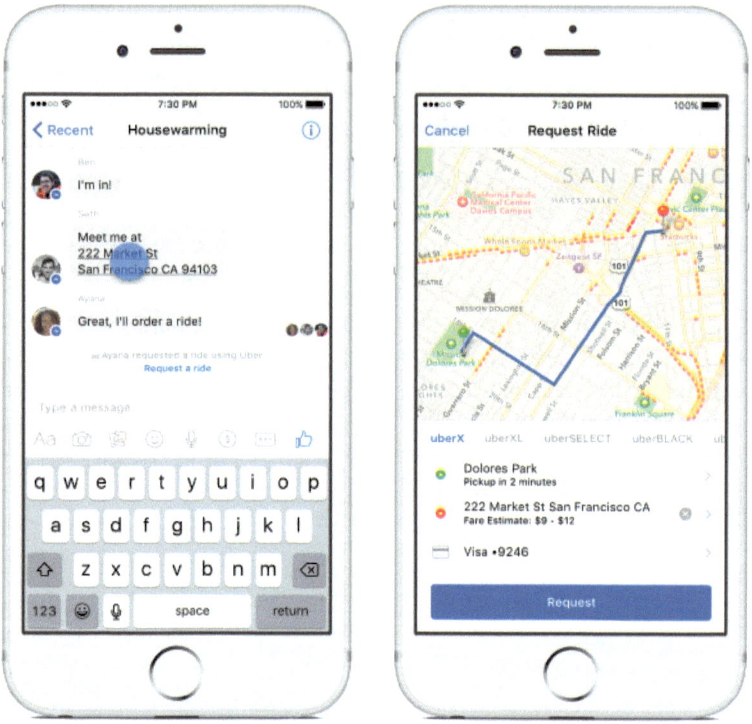

Bild 4.7: Einer der ersten Chatbot-Prototypen für Messenger: Uber per Chat bestellen. (Quelle: *http://newsroom.fb.com/news/2015/12/introducing-transportation-on-messenger/*)

Die ersten Versuche mit Uber waren für Facebook offenbar so vielversprechend, dass sie die Messenger-Plattform auch für andere Unternehmen öffneten.

Mehr als 900 Millionen Menschen nutzen den Facebook Messenger im Monat, um sich mit Freunden und Familie auszutauschen. Jetzt möchte das Unternehmen den Messenger auch für andere Unternehmen öffnen.[84] Ein logischer Schritt, denn auf der Facebook-Plattform haben bereits rund 50 Millionen[85] Unternehmen ihre Facebook-Seite angelegt, um sich mit ihrer Zielgruppe auszutauschen.

5 Chat(bot)-Plattformen im Check

Welche Chat-Apps existieren momentan auf dem Markt? Welche Plattformen bieten bereits Schnittstellen, um Chatbots zu realisieren? Welche Zielgruppen nutzen welchen Messenger?

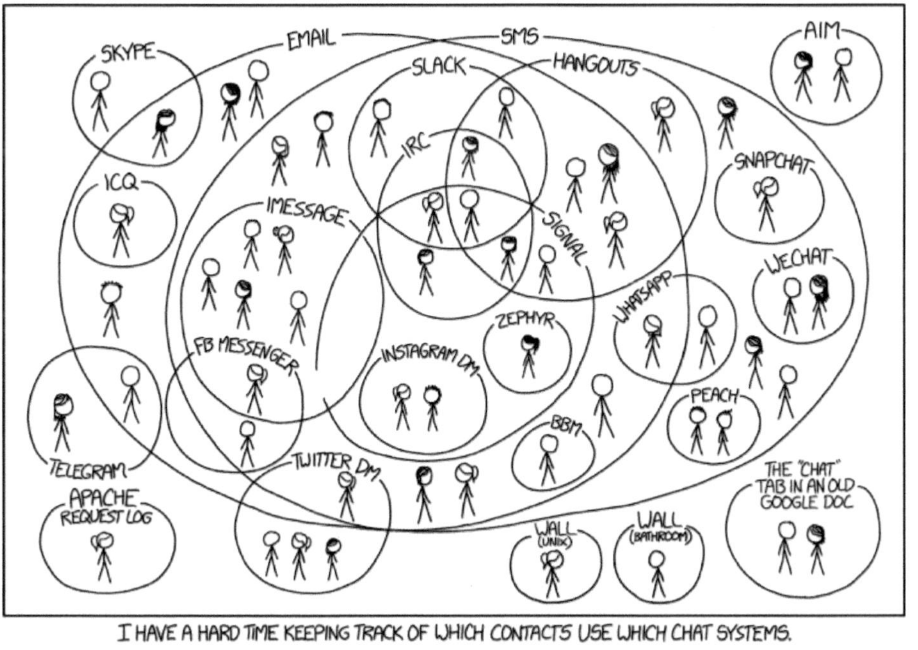

Bild 5.1: Chat-Apps im Überblick. (Quelle: *https://m.xkcd.com/1810/#*)

Die Grafik zeigt einen Überblick über die monatlich aktiven Nutzer von Messenger-Diensten aus dem Jahr 2017. Es ist anzumerken, dass nicht jede Messenger-App auch eine Chatbot-Möglichkeit bietet. Beispiele hierfür sind WhatsApp oder iMessage. Apple iMessage wird in der Statistik nicht aufgeführt, da der Dienst exklusiv für iOS- und macOS-Nutzer bereitgestellt wird – und Apple keine offiziellen Nutzerzahlen veröffentlicht. Zieht man aber in Betracht, dass Apple in den vergangenen Jahren einige Hundert Millionen Geräte verkauft hat, könnte der Dienst mit hoher Wahrscheinlichkeit Skype übertrumpfen.[86]

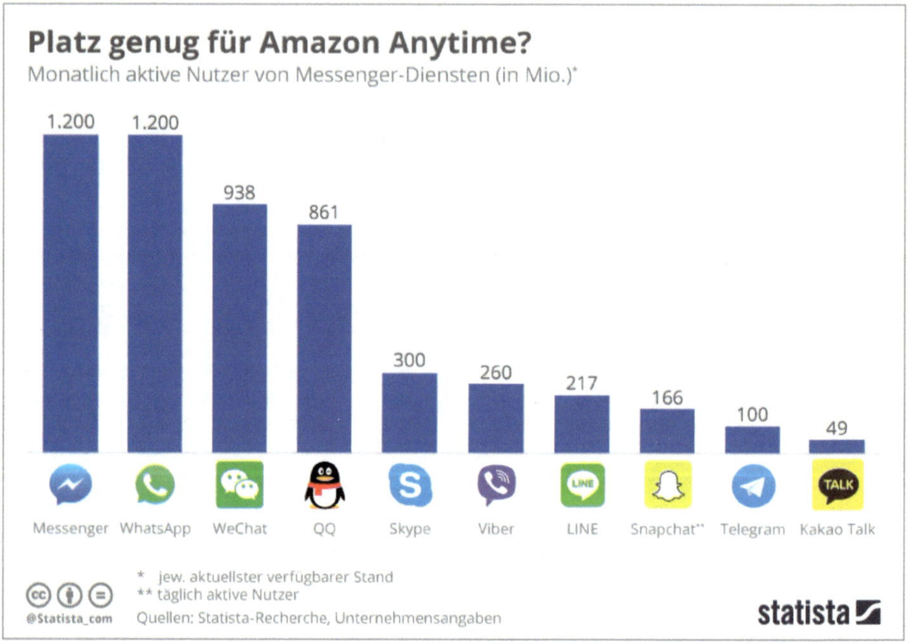

Bild 5.2: Monatlich aktive Nutzer von Messenger-Diensten. (Quelle: Statista, Stand: 20.07.2017)

5.1 Trendsetter WeChat

Mit 900 Millionen Nutzern im Monat gilt WeChat als großes Vorbild für westliche Chat-Apps. In Fernost haben Messenger und Chatbots normale Apps ersetzt. Facebook wittert die Chance, Google und Apple gefährlich zu werden.[87]

Als Kommunikationsdienst des Portalgiganten Tencent prägt WeChat das Leben zahlloser Nutzer. Menschen, die China besuchen, sind beeindruckt von der enormen Dominanz dieser Super-App, die für fast alles verwendet werden kann – vom Chat über das Rufen eines Taxis bis hin zum Kauf von Immobilien.[88]

Wie alles begann mit WeChat

Als WeChat im Jahr 2011 an den Start ging, hatten die Chinesen keine universelle Methode, miteinander zu kommunizieren. Die E-Mail-Verbreitung war eher gering, SMS- und Sprachpakete relativ teuer, unerwünschte SMS-Werbenachrichten zudem ein allgemeines Problem. Die Instant-Messaging-Plattform QQ von Tencent war populär, aber sie war noch für das Web entwickelt worden – und das in einer Zeit, in der sich Smartphones langsam durchzusetzen begannen.[89]

Mittlerweile hat sich das Internet mobilisiert. Ende 2015 war mehr als die Hälfte der chinesischen Bevölkerung online, und 90 Prozent bedienen das Web auf dem Handy.

»Chat apps have responded by evolving into 'meta-platforms'. Many of the platform-like aspects they've taken on to plaster over gaps in the OS actually have little to do with the core chat functionality.«[90]

Chat-Apps haben das Potenzial, sich zu eigenen Ökosystemen zu entwickeln. Das heißt, innerhalb einer Chat-App wie WeChat oder Facebook Messenger kann eine unbegrenzte Zahl von weiteren Apps existieren. Damit setzen sie noch eine zusätzliche Schicht über die übliche Android- oder iOS-Plattform und haben Google und Apple theoretisch ausgehebelt. Die Pionierarbeit für Chat-Apps als Metaplattformen leistete WeChat.

WeChat konzentrierte sich nicht darauf, nur ein soziales Netzwerk zu werden. Vielmehr wollte es die Bedürfnisse seiner Nutzer in allen Lebenslagen bedienen und ein Meilenstein des »Mobile Lifestyle« in China werden. WeChat erreichte seine massive Verbreitung mithilfe des Modells, fremde Apps innerhalb der eigenen App anzubieten. Nicht nur Tausende, sondern Millionen von Apps (ko-)existieren innerhalb von WeChat – ähnlich wie Websites im Internet existieren. Das macht WeChat schon fast zu einem Browser von mobilen Websites bzw. einer eigenen proprietären App-Plattform, vergleichbar mit dem App Store von Apple. Und alles nur in einer einzigen Messaging-App.[91]

Use Cases mit WeChat

Neben den einfachen Features zur Kommunikation zwischen den Nutzern kann man Taxis und Essen bestellen, Kinokarten kaufen, Games zocken, Flüge buchen und auch einchecken, Geld überweisen, Fitnesstrackerdaten aufrufen, einen Arzttermin vereinbaren, die Stromrechnung bezahlen, Musik erkennen, Gutscheine einlösen, Bücher in der lokalen Bücherei finden, neue Leute kennenlernen, Klatsch und

Tratsch folgen und an wohltätige Zwecke spenden. Alles funktioniert in nur einer App.[92]

Bild 5.3: Die Wasserflasche am Automaten per QR-Code kaufen – kein Problem in China. (Quelle: *https://pbs.twimg.com/media/CfAJVFMWsAAq-RW.jpg*)

Ein Markt 50 Mal grösser als in den USA93

»Schon im vergangenen Jahr wurden in China 5,5 Billionen Dollar mobil beglichen – der Markt ist 50-mal so groß wie der in den USA. Im ersten Quartal 2017 soll WeChat Pay 40 Prozent aller mobilen Zahlungen in China ausgemacht haben. Nachdem man dem Dienst seine Bankdaten mitgeteilt hat, kann man mit QR-Codes für fast alles zahlen. Das funktioniert auch deshalb so gut, weil fast jeder WeChat-Nutzer, von der Einzelperson bis zum Großhändler, den Dienst verwendet und anbietet.«[94]

Conversational Commerce: das Profil zuerst

WeChat-Accounts haben eine enorme Reichweite und eignen sich hervorragend, um mit geringem Aufwand erste Produktideen zu validieren. Besonders bei Start-ups ist diese Vorgehensweise sehr beliebt. Sie legen sich erst einen WeChat-Account an,[95] bevor sie mit der Entwicklung einer nativen App beginnen, um das Risiko zu minimieren, Investitionen von 20.000 bis 50.000 Euro umsonst zu tätigen.[96]

»And finally, it's worth noting that WeChat is, according to Tim Cook on Apple's most recent earnings call, one of the top 3rd-party apps used on the Apple Watch.«[97] [98]

Das macht WeChat so erfolgreich

Einer der Gründe für den Erfolg und das schnelle Wachstum von WeChat ist die simple Bedienung. Die ersten Chatbots ließen sich über die Eingabe von Zahlen steuern. Das ist schnell und effektiv und führte zu acht Millionen Nutzern.[99]

Bild 5.4: Einer der ersten WeChat-Accounts aus dem Jahr 2012. (Quelle: *http://dangrover.com/blog/2016/04/20/bots-wont-replace-apps.html*)

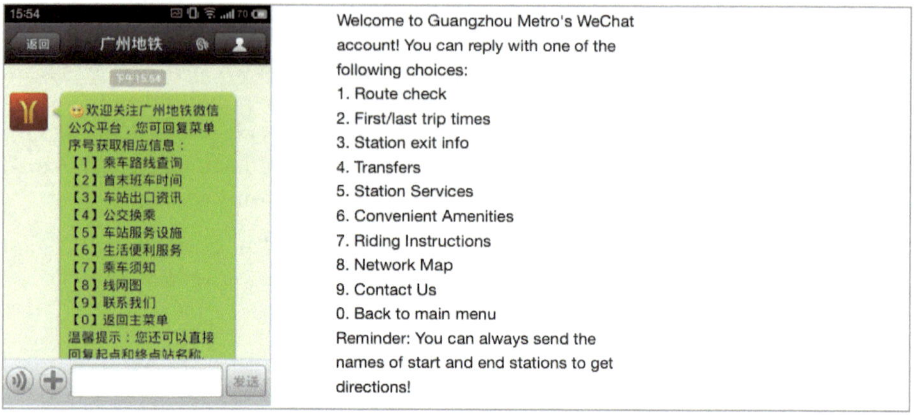

Bild 5.5: U-Bahn-Service per WeChat. (Quelle: *http://dangrover.com/blog/2016/04/20/bots-wont-replace-apps.html*)

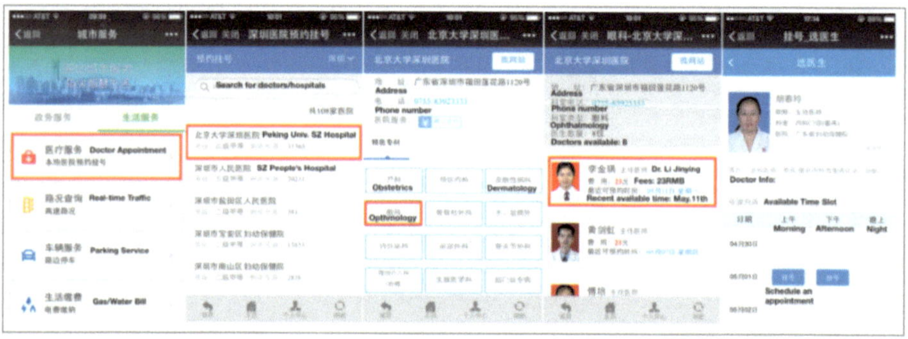

Bild 5.6: Arztbesuch via WeChat-Wallet buchen. (Quelle: *https://a16z.com/2015/08/06/wechat-china-mobile-first/*)

Mithilfe weniger Aktionen lässt sich ein Termin mit einem Arzt vereinbaren. WeChat ist Portal, Plattform oder eben auch ein eigenes Betriebssystem für Smartphones – je nach Betrachtungsweise.[100]

Eltern-Kind-Kommunikationsplattform

In China können selbst bereits die Kleinsten WeChat nutzen, beispielsweise mit Mon-Mon, einem Kuscheltier für Dreijährige,[101] das sich mit WeChat verbinden lässt: Eltern können den offiziellen Mon-Mon-Account in WeChat nutzen, um über das Spielzeug persönliche Sprachnachrichten, Englischkurse oder Gute-Nacht-Geschichten ihren Kindern zu senden, etwa wenn sie bei der Arbeit oder auf einer Geschäftsreise sind. Kinder erhalten die Nachrichten in Echtzeit.

Bild 5.7: Mon-Mon: Spielzeug mit Verbindung zum WeChat der Eltern. (Quelle: *https://a16z.com/2015/08/06/wechat-china-mobile-first/*)

Um eine Antwort aufzunehmen, drücken die Kinder auf den Bauch des Spielzeugs. Die Antwort erhalten die Eltern als Sprachnachricht in ihrem WeChat-Account. Klar, es ist nur ein Spielzeug, aber es demonstriert das Potenzial, das sich auftut, wenn man Messaging-Plattformen mit Gegenständen aus der echten Welt verbindet.[102]

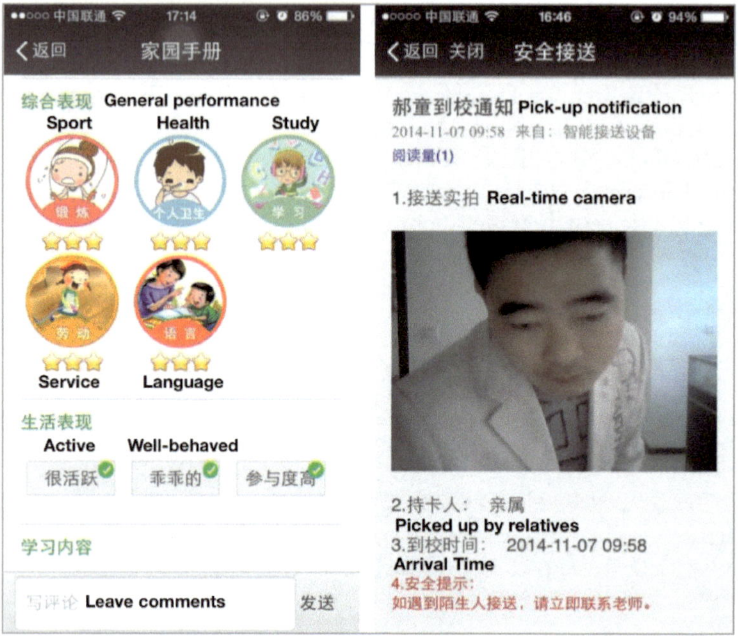

Bild 5.8: Der WeChat-Account eines Kindergartens. (Quelle: *https://a16z.com/2015/08/06/wechat-china-mobile-first/*)

Über den WeChat-Account eines Kindergartens können Eltern beispielsweise in Echtzeit mitverfolgen, wie es ihren Kindern geht (siehe Abbildung links) oder welche Person das Kind an dem Tag vom Kindergarten abgeholt hat – durch das Pflicht-Selfie (siehe Abbildung rechts). Ein beunruhigender Anwendungsfall, wenn man bedenkt, dass WeChat seine Daten vollständig der chinesischen Regierung bereitstellt.[103]

WeChat Pay auch in Deutschland nutzen?

WeChat Pay startete im November 2017 in Deutschland, und bereits 70 Geschäfte am Münchner Flughafen unterstützen den Bezahldienst. Für den deutschen Einzelhandel sind der Bezahldienst oder sein Konkurrent AliPay ebenfalls interessant. Die Wirtschaftswoche beschreibt es genau: »Jedes Jahr kommen etwa zwei Millionen chinesische Touristen nach Deutschland. Im Jahr 2015 gaben Reisende aus China im Ausland 292 Milliarden Dollar aus.«[104] Die Durchschnittsausgaben eines chinesischen Touristen in Europa liegen nach Schätzung des Zahlungsabwicklers Wirecard bei rund 3.000 Euro.

50 Prozent schneller als die Kreditkarte[105]

Wei Jiang, Präsident von Citcon, einem Zahlungsabwickler aus den USA, der es sich zur Aufgabe gemacht hat, globale Händler mit chinesischen Konsumenten zu verbinden, sagte in einem Interview in der Technology Review: »WeChat Pay ist auch für die Händler gut. Die Kunden müssen weder Karten in Terminals einschieben noch durchziehen, PINs werden nicht benötigt. [...] Es ist 50 Prozent schneller als eine Kreditkarte.«[106]

Die Geschwindigkeit wird durch das Einscannen der QR-Codes erreicht. Daher geben sich viele junge Chinesen eher ungern mit altmodischen Zahlungsmitteln wie Bargeld oder EC-Karten ab.[107] Und im Westen gibt es Tausende chinesischer Schüler und Studenten, ausgestattet mit reichlich Taschengeld.[108]

In der Diaspora mobiler Bezahldienste

Die Deutschen sind kein Freund von mobilen Bezahlmöglichkeiten an der Ladenkasse. Das Höchste der Gefühle liegt in der Verwendung von EC- oder Kreditkarten. Obwohl das Shoppen via Smartphone schon recht verbreitet ist, gilt Deutschland in dieser Hinsicht im Vergleich zu China als Entwicklungsland. Hinzu kommt, dass es von der reinen Bezahl-App AliPay bisher keine deutsche Version gibt und die deutsche WeChat-Ausgabe aktuell noch keine Bezahlfunktion unterstützt.[109]

Die Frage ist: Wer wird das WeChat des Westens?[110] Wie das Video der New York Times zeigt, sehen viele Softwareunternehmen wie Facebook[111] & Co. ein großes Potenzial im Conversational Commerce, wie es bei WeChat der Fall ist.

Bild 5.9: Empfehlung – Video der New York Times: *https://www.youtube.com/watch?v=VAesMQ6VtK8.*

5.2 Der Facebook Messenger

Unter dem Motto »Putting the People First« startete Facebook am 12. April 2016 seine Chatbot-Plattform. »Mit der Einbettung von zuvor externen Diensten und selbstlernenden Chatbots sollen andere Apps überflüssig werden.«[112] So beschrieb es am 8. Januar 2016 die Zeit.

Andere Apps sollen überflüssig gemacht werden? Mit Chatbots? Hat Facebook deshalb die Messenger-Funktionen in eine gesonderte App portiert? Ein logischer Schritt, denn so konnte man sich vollständig auf die separate Entwicklung der Messenger-Plattform konzentrieren. Es gibt hier nämlich nicht nur zwei Apps, nämlich für Facebook und für den Messenger, man unterscheidet auch zwischen den verfügbaren Schnittstellen.

Wenn ein Nutzer beispielsweise im Facebook Messenger mit einem Chatbot spricht, erhält der Chatbot Zugriff auf einen Bruchteil der Daten, die der Nutzer Facebook eigentlich bereits gegeben hat, konkret nur auf den Namen, die Sprache, die Zeitzone etc. Wenn der Chatbot im Messenger weitere Daten verwenden möchte, muss er den Nutzer explizit nach der Erlaubnis fragen.

Bild 5.10: Macht der Facebook Messenger andere Apps überflüssig? (Quelle: https://de.newsroom.fb.com/*news/2017/03/teile-deinen-tag-mit-messenger-day/*)

WeChat als Vorbild von Facebook?

Wie bereits angerissen, lässt sich aus WeChat Facebooks strategisches Interesse ableiten: viele Apps überflüssig machen und sich als Plattform über dem Betriebssystem etablieren, um vor allem im Westen das Monopol über die Mitteilungen, die den Homescreen bevölkern, zu behalten.

Die Grafik macht die Ähnlichkeit der Bedienelemente von Facebook Messenger und WeChat deutlich. In jeder Kategorie hat Facebook Messenger nachgezogen: Text, Sprachnachrichten, Links, Bezahlmöglichkeiten sowie News.

Das größte Potenzial steckt natürlich in den Daten, die durch den Facebook Messenger generiert werden können. Ein Traum für Marketingverantwortliche – damit lässt sich die Zielgruppe natürlich genau ansprechen.

Bild 5.11: Nachrichtentypen der Plattformen im Überblick. (Quelle: *http://dangrover.com/blog/2016/04/20/bots-wont-replace-apps.html*)

Bezahlen Nutzer also bis jetzt mit ihren Daten? Denn bisher können Menschen den Facebook Messenger kostenlos nutzen, um zu kommunizieren. Und bis vor Kurzem machte Facebook noch kein Geschäft mit dem Verkauf von Werbeanzeigen. Wie finanziert sich die Plattform also? Langsam werden zwischen den einzelnen Nachrichten im Posteingang Werbeanzeigen platziert. Auch in Deutschland sind sie bereits sichtbar.

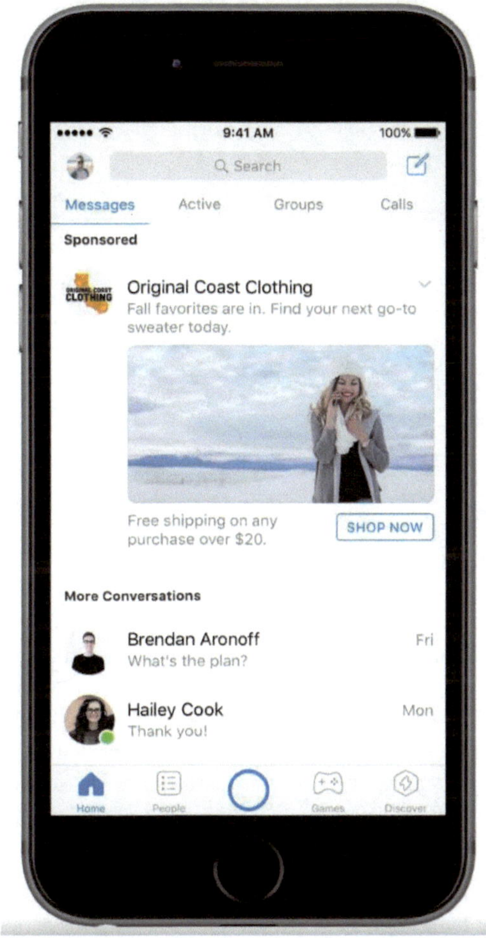

Bild 5.12: Ads zwischen den Nachrichten der Freunde. (Quelle: *https://onlinemarketing.de/news/werbung-zwischen-nachrichten-facebook-messenger-ads-global-rollout*)

Abgesehen von den Umsätzen aus dem Verkauf von Werbeanzeigen könnte sich Facebook von dem Geschäftsmodell von WeChat und der Chat-App LINE aus Japan inspiriert haben lassen. Beide Chat-Apps haben es geschafft, dass Unternehmen Services innerhalb ihrer Plattform anbieten: den Verkauf von Schuhen, das Organisieren von Arztterminen, Bankdienstleistungen und noch viele weitere Möglichkeiten. Ein logischer Schritt wäre, dies im Facebook Messenger zu ermöglichen, wie es die Unternehmen teilweise in der eigentlichen Facebook-App bereits tun.[113]

Bild 5.13: Leiter des Facebook Messengers. (Quelle: *https://de.newsroom.fb.com/news/2015/03/messenger-auf-der-f8/*)

David Marcus, der die Entwicklung des Facebook Messengers leitet, erklärt: »Menschen nutzen Facebook mit ihrer eigenen Identität.« Mit anderen Worten – Menschen haben nur einen Account. Ein digitales Spiegelbild. Klar gibt es auch Fake-Accounts, aber sie verstoßen nicht nur gegen die Richtlinien der Plattform, sondern werden bei Entdeckung auch gelöscht oder gesperrt. Konversationen im Messenger werden auf Lebenszeit gespeichert. Kontextabhängig bleibt alles an einem Ort und geht nicht unter, wie es etwa bei E-Mails der Fall ist.

Der Facebook Messenger birgt also ein riesiges Potenzial, wenn er es schafft, beide Seiten zu verbinden: die 15 Millionen Unternehmen, die bereits Facebook-Seiten angelegt haben, und die unzähligen »echten« privaten Facebook-Nutzer.

Bild 5.14: Quelle: *https://de.newsroom.fb.com/news/2017/04/facebook-unterstuetzt-unternehmen-bei-ihrer-mobilen-strategie/*

David Marcus, hat nicht nur im Alter von acht Jahren programmieren gelernt, vor seiner aktuellen Position beim Messenger-Team war er Geschäftsführer bei PayPal, nachdem er drei erfolgreiche Unternehmen gegründet hatte, unter ihnen Zong. Damit konnten Benutzer 2008 online direkt über ihre Mobilfunkrechnung bezahlen. Es ist sehr wahrscheinlich, dass Facebook ihn angeheuert hat, um das mobile Bezahlen mit dem Messenger zu ermöglichen und die Entwicklung zu beschleunigen.

Denn warum sonst sollte Facebook einen solchen Experten einstellen? Seine Karriere drehte sich bisher um digitale Bezahlmöglichkeiten. Neben der Anwendung der Chatbots sagt David Marcus das visuelle Messaging als großen Trend voraus. Videos, Bilder, GIFs, Sticker werden in fast jedem Gespräch enthalten sein. Auch Emojis werden zunehmend auch in seriösen Konversationen genutzt werden, sogar im Arbeitsalltag. Im Mai 2018 wechselte David Marcus allerdings intern in die Abteilung bei Facebook, die sich speziell mit der Blockchain-Technologie auseinandersetzt.

Natürlich wäre es auch denkbar, dass Facebook bald eine eigene Kryptowährung entwickelt, um Zahlungen im eigenen Ökosystem abzuwickeln, wie es andere Messenger (Kik oder Telegram) bereits vorbereiten oder schon umgesetzt haben.

Facebook Messenger und Payments?

Zahlungen befinden sich noch im Entwicklungsmodus bzw. in der Betaphase. Auf seiner Entwicklungsplattform schreibt Facebook: »Jeder Bot kann dieses Feature im Entwicklungsmodus testen. Der Bot muss allerdings in unser Betaprogramm aufgenommen sein, um Zahlungen in der Produktivphase zu erhalten. Aktuell ist der Betatest nur für Seiten mit einem Administrator in den USA verfügbar. Außerdem werden nur Zahlungen für Transaktionen in den USA unterstützt.«[114]

Obwohl die Dokumentation klar sagt, dass das Programm ausschließlich für Bots in den USA erhältlich ist, wurden Zahlungen durch den Messenger jetzt wohl auch in Großbritannien und Frankreich ausgerollt.[115] [116]

Messenger-Chatbots – die neuen Newsletter?

Es spricht also viel dafür, dass Facebook in Zukunft in seinen Messenger die Möglichkeit einbaut, für Produkte und Dienstleistungen zu bezahlen. Wenn sich Facebook dabei am Vorbild WeChat orientiert, dürfte ein Großteil dieser Geschäfte über Chatbots abgewickelt werden.

Dabei stellt sich die Frage: Könnten Chatbots auch andere Funktionen in der Kommunikation mit Kunden übernehmen, etwa Newsletter? Die Antwort ist ein klares »Jein«. Denn auch bei der Facebook-Messenger-Plattform muss man grundsätzlich zwischen drei Messaging-Typen unterscheiden: *Sponsored*, *Abonnement* und *Standard*.

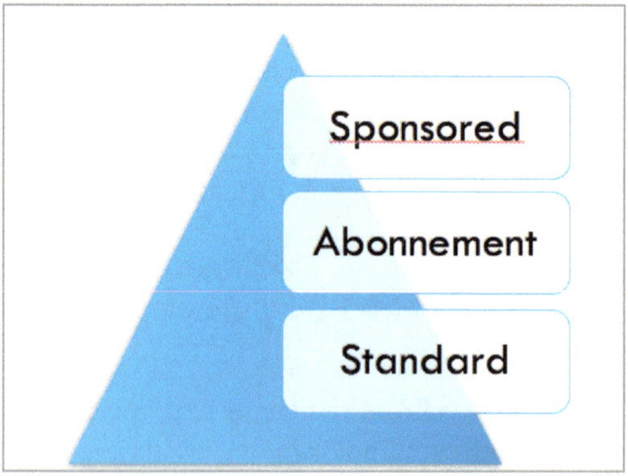

Bild 5.15: Die Messaging-Typen im Überblick.

- **Gesponsertes Messaging** – Ist eine Form von bezahlter Werbung. Sie ermöglicht die Interaktion mit Personen, die bereits in Kontakt mit einem Chatbot waren, aber den Chatbot nicht explizit abonniert haben. Damit ist es möglich, Nachrichten zu versenden, die aus der »24+1«-Regel herausfallen und/oder werbliche Inhalte enthalten und deshalb nicht als Abonnement-Messaging versendet werden dürfen.

Bild 5.16: Beispiel eines gesponserten Messagings. (Quelle: *https://www.facebook.com/business/news/more-ways-to-grow-your-business-on-messenger*)

- **Abonnement-Messaging** – Möchte der Nutzer Nachrichten des Chatbots abonnieren und stimmt er dem auch explizit zu, gelten die Bestimmungen des Abonnement-Messagings. Hierbei kann der Chatbot unabhängig von der »24+1«-Regel jederzeit, bzw. wie vom Nutzer angegeben, Nachrichten versenden. Nachteil ist, dass die Nachrichten keinen werblichen Inhalt enthalten dürfen. Aber wenn der Nutzer auf eine Nachricht aus dem Abonnement-Messaging antwortet, gelten wieder die Regelungen des Standard-Messagings.

Zu den zulässigen Anwendungsfällen beim Abonnement-Messaging zählt Facebook Folgendes:

- Nachrichten zu Events oder Informationen aus Kategorien wie Sport, Finanzen, Wirtschaft, Immobilien, Wetter, Verkehr, Politik und Unterhaltung.
- Das Ermöglichen der Verwaltung der persönlichen Produktivität mithilfe von Aufgaben, z. B. das Verwalten von Kalenderveranstaltungen, das Empfangen von Erinnerungen und das Bezahlen von Rechnungen.
- Persönliche Tracker: Integrationen, die es Personen ermöglichen, Informationen über sich selbst in Kategorien wie Fitness, Gesundheit, Wellness und Finanzen zu erhalten und zu überwachen. Hinweis: Der Chatbot muss die *pages_messaging_subscriptions*-Berechtigung erhalten, um Abonnement-Messages versenden zu können. Dies ist eine Einstellung, die man im Entwickler-Dashboard vornehmen kann.

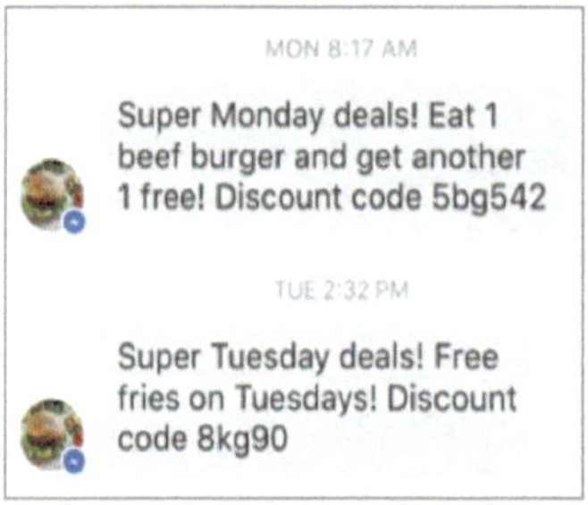

Bild 5.17: Abonnementnachrichten dürfen keinen Werbe-Content enthalten. (Quelle: Facebook)

- **Standard-Messaging** – Beim Standard-Messaging gilt die »24+1-Regel«. Das bedeutet, sobald der Nutzer den Chatbot kontaktiert, kann der Chatbot den Nutzer innerhalb von 24 Stunden ohne weitere Zustimmung des Nutzers wieder kontaktieren. Dabei ist Werbe-Content durch Facebook gestattet. Falls ein User das nicht möchte, kann er den Chatbot jederzeit blockieren oder stumm schalten. Sobald der Nutzer wieder auf eine Nachricht des Chatbots antwortet, gilt die »24+1«-Regel von Neuem.

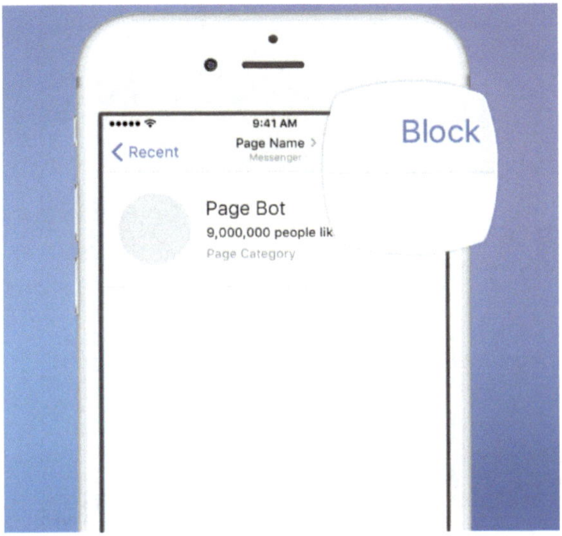

Bild 5.18: Den Chatbot im Rahmen der »24+1«-Regel blockieren. (Quelle: Facebook)

Wie findet man Bots für den Messenger?

Chatbots lassen sich über Werbung im Newsfeed platzieren, und die Zielgruppe kann direkt in das Gespräch einsteigen. Neben den vielen gesponserten Möglichkeiten, einen Chatbot bekannter zu machen, gibt es auch diese organischen Wege:

- **Discovery-Tab** – Der Messenger bietet den Discovery-Tab unten rechts in der Messenger-App nun auch in Deutschland an. Dort werden Bots aufgelistet, die man kürzlich verwendet hat bzw. die in dem jeweiligen Land als besonders beliebt gelten. Man kann Facebook den eigenen Chatbot zur Prüfung schicken, um ihn im Discovery-Tab auflisten zu lassen. Der Schritt lohnt sich allemal, da der Chatbot – wenn er gelistet wurde – einen riesigen Marketingschub bedeutet – und das kostenfrei. Bei einem meiner Chatbot-Projekte verdoppelte sich die Nutzeranzahl durch den Discovery-Tab innerhalb von einer Woche mehr als.
- **Messenger-Plug-in für die Website** – Im November 2017 führte Facebook Messenger ein Plug-in ein, das einen Webchat mit dem Messenger ermöglicht. Besucher einer Unternehmenswebsite können nun also auch auf der Website mit Chatbots aus dem Facebook Messenger kommunizieren. Der einzige Haken ist, dass die Besucher im Messenger eingeloggt sein müssen, um den Webchat nutzen zu können.[117]

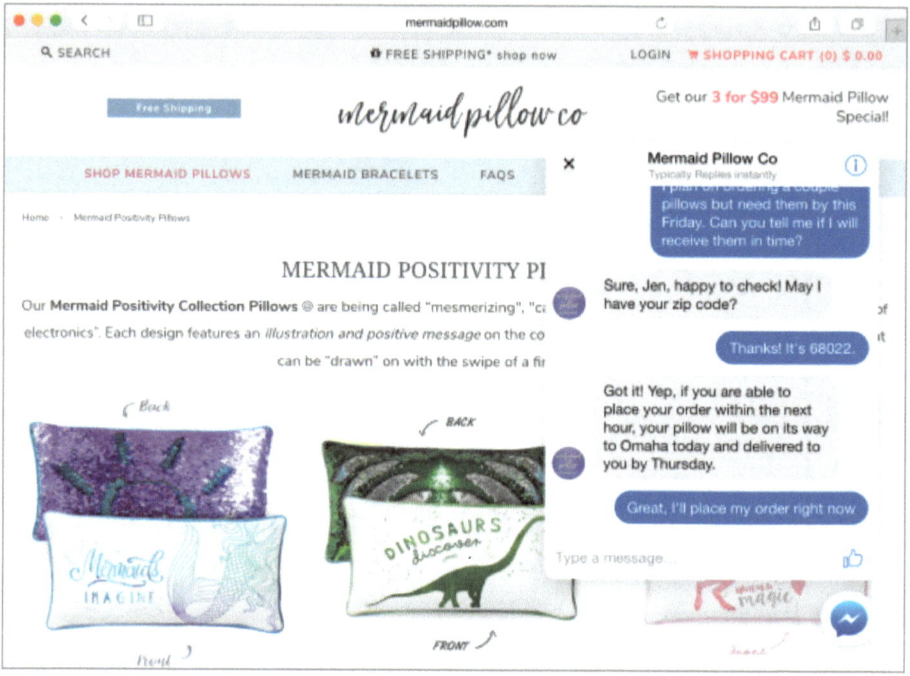

Bild 5.19: Nur wenn man eingeloggt ist, kann der Chatbot genutzt werden. (Quelle: Facebook)

- **Parametric Codes** – Chatbots für den Facebook Messenger lassen sich auch über Facebooks hauseigene Variante der QR-Codes, die sogenannten parametrischen Codes, finden. Dafür muss man lediglich den Code im Messenger scannen und kann direkt in das Gespräch des Chatbots springen. Man kann auch Codes anlegen, die mit besonderem Content verknüpft sind, etwa wenn man den Nutzer in andere Gesprächsteile einsteigen lassen will. Ein Basketballteam hatte z. B. einen parametrischen Code für jeden Spieler angelegt, damit Fans mit dem Chatbot der Mannschaft direkt Informationen zum Spieler erhalten.
- In Deutschland wurde der Code noch kaum in freier Wildbahn gesehen. Ausnahme ist eine Kampagne der Bundeswehr.

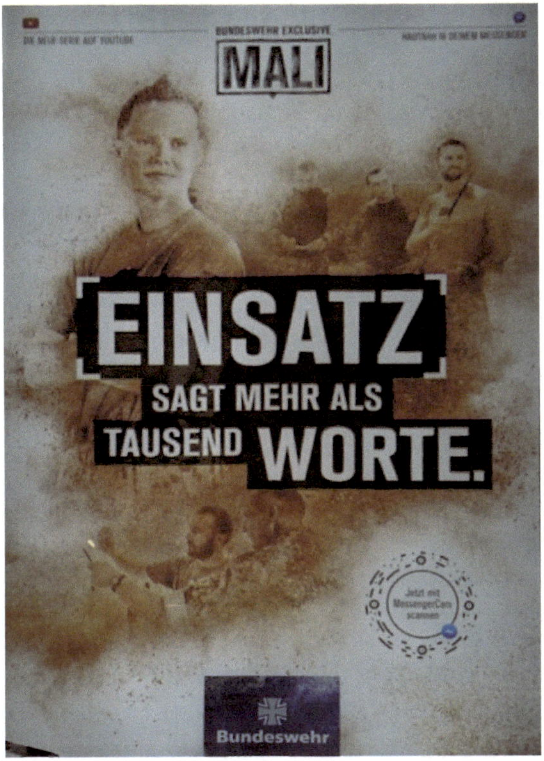

Bild 5.20: Parametrischer Code des Facebook Messengers auf einem Plakat der Bundeswehr.

- **M.Me-Links** – Ähnlich wie mit parametrischen Codes ist es mit M.Me-Links möglich, Besucher direkt auf den Chatbot zu führen, zum Beispiel *www.m.me/Botname.*
- Das Besondere an den Links ist, dass sie Parameter zulassen. Das heißt, auch damit kann man als Chatbot-Betreiber z. B. tracken, welchen Link die Nutzer als Gesprächseinstieg verwendet haben. Die Parameter der URLs kann man darüber hinaus mit unterschiedlichen Gesprächseinstiegen verknüpfen.
- **Beispiel:** *www.m.me/Botname?ref=angebotJanuar*
- Die Beispiel-URL führt den Nutzer nicht zum Standard-Gesprächsflow des Chatbots, sondern zum Flow des Januar-Sonderangebots.

5.3 Rechtliche Aspekte im Messenger-Marketing

Sind Chatbots ein Problem für den Datenschutz? Die Technologie ist noch sehr neu, und daher gibt es bisher kaum Best Practices. Grundsätzlich gilt, dass die jeweilige Datenschutzerklärung geprüft werden muss, bevor man sich für den Einsatz eines Chatbots entscheidet. Doch ähnlich wie beim Einsatz des Facebook-Pixels auf Webseiten können für Facebook Messenger und WhatsApp keine zu 100 Prozent korrekten Datenschutzerklärungen verfasst werden. Damit sind auch keine hundertprozentigen Einwilligungen möglich. So beschreibt es Rechtsanwalt Dr. Thomas Schwenke in einem Interview mit Sebastian Riehle, der unter der Marke Social Media Doktor Unternehmen Wissen und Tipps rund um Facebook vermittelt.

Schwenkes Schwerpunkte liegen in der Beratung von Unternehmen und Freelancern in den Bereichen Datenschutz, Marketing, Social Media, E-Commerce etc. Der Rechtsanwalt begründet seine Aussage damit, dass niemand genau sagen kann, was Facebook mit den gesammelten Daten wirklich anstellt.[118] Daher ist es hier besonders wichtig, zumindest die rechtlichen Grundlagen umzusetzen. Das sind die Datenschutzerklärung und ein Impressum, und der Nutzer muss immer um sein ausdrückliches Einverständnis gebeten werden, wenn man ihn beispielsweise für ein Abonnement gewinnen möchte. Zudem empfiehlt Schwenke, zu Beginn des Gesprächs den Datenschutz zu thematisieren und auf die Möglichkeit hinzuweisen, die Nachrichten über den Chatbot wieder abzubestellen.

Vor allem Nutzer, die zum ersten Mal einen Chatbot verwenden, wissen nicht auf Anhieb, wie man ihn wieder deaktivieren kann – beispielsweise wenn der Chatbot ständig Updates mitteilt. Das Ergebnis ist große Frustration und teilweise sogar Verzweiflung. Daher ist es besonders wichtig, den Onboarding-Prozess so anwenderfreundlich wie möglich zu gestalten und den Nutzer bei der Hand zu nehmen, wenn es darum geht, sich wieder von einem Chatbot abzumelden. Dieses Feature ist nicht nur aus Sicht der User Experience viel wert, sondern hilft auch, Abmahnungen zu vermeiden.

Kann man also in Zeiten der DSGVO grundsätzlich noch einen Chatbot betreiben? Klares Ja! Das bestätigen auch die Autoren des Maggi-Kochstudio-Chatbots, die den Chatbot von der Rechtsabteilung abnehmen haben lassen: »Was darf bei einem Innovationsprojekt nicht fehlen? Das Impressum. Um Kim kennenzulernen, musstest du am Datenschutz vorbei. Dank den Kollegen aus der Rechtsabteilung haben wir nicht nur eine Einverständniserklärung, um die persönlichen Präferenzen für zukünftige Dialoge nutzen zu können, sondern natürlich auch den berühmten Impressumslink (»Impressum« einfach im Chat eingeben, ebenso wie »Datenschutz«). Es gibt noch keine deutschen Best Practices für den Bereich, daher freuen wir uns über Anmerkungen und Rückfragen. Wir haben alles rechtkonform umsetzen wollen.«[119]

Zum Inhalt der Datenschutzerklärung beschreibt der Artikel im Blog des Social-Media-Doktors Folgendes: »Die Datenschutzerklärung sollte über den groben Ablauf der Verarbeitung aufklären. Auch dass die Nachrichten im Facebook Messenger über Server in den USA laufen, ist für den europäischen Datenschutz relevant. Für die Details in Bezug auf Facebook könne dann auf die Datenrichtlinie von Facebook verlinkt werden.«

Facebooks Datenrichtlinie
Die Datenrichtlinie von Facebook finden Sie hier: *https://www.facebook.com/about/privacy*

Falls der Chatbot mithilfe von Drittanbietertools umgesetzt wurde, muss die Datenschutzerklärung darauf hinweisen, und mit Drittanbietern müssen Auftragsdatenverarbeitungen abgeschlossen werden. Befindet sich der Toolanbieter außerhalb der EU, muss zusätzlich eine Garantie für ein ausreichendes Datenschutzniveau vorliegen.[120]

Zudem muss nach Artikel 30 der EU-Datenschutz-Grundverordnung (DSGVO) von den betreibenden Chatbot-Unternehmen ein Verarbeitungsverzeichnis geführt werden.[121]

Link zum Impressum
Platzieren Sie in der Navigation des Messenger-Chatbots einen Link zum Impressum. Eine Facebook-Seite wird nach deutschem Recht auch als Telemedium behandelt und benötigt daher ein Impressum.

Auch wenn die Messenger-Plattformrichtlinie von Facebook[122] es in manchen Fällen zulässt, dass Nutzer ohne Einwilligung Werbung erhalten, gibt es hier Abmahnrisiken, denn der Facebook Messenger ist ein elektronisches Postfach. Daher gelten die gleichen Regeln wie im E-Mail-Marketing. So dürfen Nachrichten nur zu dem Thema versandt werden, in das der Nutzer ursprünglich eingewilligt hatte.[123]

Abschließend empfiehlt Rechtsanwalt Dr. Schwenke, dass man Nutzer über den Einsatz von Chatbots aufklären sollte. Menschen kommunizieren nämlich anders, wenn sie wissen, dass sie mit einer Maschine reden und nicht mit einem Menschen. Sollte ein Mitarbeiter den Chat übernehmen, muss jedes Mal deutlich gemacht werden, dass das Gespräch wieder von einem Menschen geführt wird.

5.4 Die Kommunikationsplattform Slack

Die Kommunikationsplattform Slack ist heute aus vielen Tech-Start-ups kaum mehr wegzudenken. Sie bringt die Kommunikation der Teams zusammen. Alle Unterhaltungen sind zugänglich und leicht zu finden. Mittlerweile gibt es unzählige Chatbots für die Slack-Plattform, die die Kommunikation innerhalb der Teams verbessern sollen, aber auch externe Tools anbinden.

So beschreibt es auch die Wiener Digitalagentur Liechtenecker, die unter anderem Chatbots in Österreich umsetzt. »Auch in Firmen selbst können sie einen großen Mehrwert bieten. Besonders auf Slack gibt es dafür schon Dutzende Beispiele. Wir verwenden z. B. eine Bitbucket*[iv]-Integration, um den Projektfortschritt bei der Umsetzung unserer Projekte zu teilen.«[124]

Slack
Slack ist eigentlich ein Akronym. Es steht für »durchsuchbares Protokoll aller Konversationen und Kenntnisse« (*Searchable Log of All Conversation and Knowledge*).

Bot-Nutzer als Chatbots

Mit Slack lässt sich der Arbeitsalltag vereinfachen. Vor allem Start-ups setzen auf die Plattform, um schnell Informationen auszutauschen und zu dokumentieren. Chatbots, die als eigene Nutzer umgesetzt werden, sind sehr willkommen, da sie als produktivitätssteigernd gesehen werden. Chatbots können hier entweder im Einzel- oder im Gruppengespräch mit mehreren Nutzern gleichzeitig eingesetzt werden.

iv Eine Versionsverwaltung für Softwareprojekte – ähnlich wie GitHub.

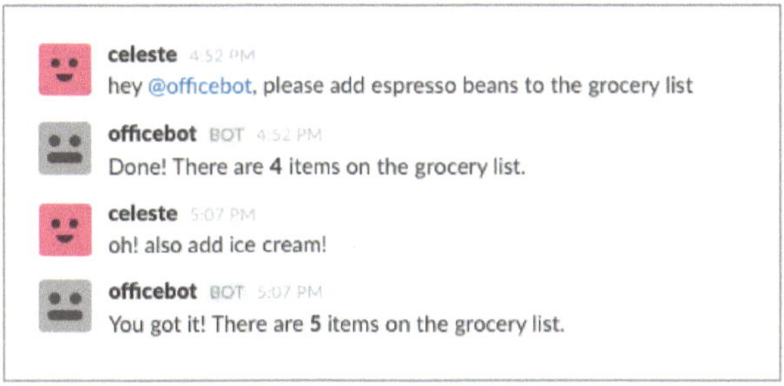

Bild 5.21: Bot-Nutzer in Slack als Chatbots. (Quelle: *https://api.slack.com/bot-users#what-are-bot-users*)

Bot-Nutzer vs. reguläre Nutzer

Bot-Nutzer unterscheiden sich kaum von menschlichen Nutzern. Sie haben Profilfotos und Nutzernamen. Sie koexistieren neben regulären Nutzern im Workspace Directory. Das ist im Prinzip das Gleiche wie das Home-Verzeichnis eines Slack-Workspace. Ein Slack-Nutzer kann mehreren Workspaces beitreten. Zum Beispiel könnte jede Abteilung einen eigenen Workspace anlegen. Jeder Workspace kann wiederum mehrere Kanäle enthalten, die jeweils für ein eigenes Thema stehen.

Beispielsweise kann es den Slack-Workspace Marketing geben und dort die Kanäle Facebook, Organisation, Team und Allgemein, denen man Nachrichten senden oder die man in einer Gruppenkonversation erwähnen kann. Die mit den Kanälen verknüpften Chatbots können selbst Nachrichten posten und Dateien hochladen. Man kann sie auch in private Channels (Gespräche) einladen und daraus wieder entfernen. Das größte Unterscheidungsmerkmal zwischen Bot-Nutzern und regulären Nutzern ist, dass die Bot-Nutzer von den Slack-APIs gesteuert werden.

Bot-Nutzer müssen sich nicht per Passwort in ein Gespräch oder eine Gruppe einloggen. Sie authentifizieren sich durch einen »Bot User Token«, der auch Zugriff auf die unterschiedlichen APIs gewährt, die den regulären Entwicklern zur Verfügung stehen. Bot-Nutzern stehen also alle Möglichkeiten zur Verfügung.[125]

5.5 Kik-Messenger

Kik entstand im Jahr 2009 durch einen Tippfehler. Anstelle des Akronyms »lol« (Netzjargon für laut lachen) wurde Kik getippt, also die Tasten links von »l« und »o«.[126] Gegründet wurde der Messaging-Dienst von Studierenden der University of Waterloo in Ontario, Kanada. Laut dem Branchenmagazin t3n.de ist der Messaging-Dienst vor allem bei US-amerikanischen Teenagern beliebt und hat weltweit etwa

300 Millionen Nutzer. Der Durchschnitts-Kik-User ist zwischen 11 und 15 Jahre alt, obwohl das Mindestalter, um sich bei Kik anzumelden, bei 13 Jahren liegt.[127] Zwischen 2010 und 2015 hat das Unternehmen rund 120 Millionen US-Dollar Kapital aufgenommen.[128]

Bild 5.22: Der Messenger ist vor allem bei Jugendlichen verbreitet. (Quelle: Kik)

Der große Vorteil des Kik-Messengers ist, dass man weder eine Mobilfunknummer noch eine E-Mail-Adresse benötigt, um sich mit anderen Nutzern zu verbinden. Man braucht lediglich den Kik-Benutzernamen. Das heißt, man kann sich über Kik kontaktieren, bleibt aber theoretisch anonym. Vor allem in der Jodel-App, die hierzulande viele Studierende nutzen, um sich über lokale Gruppen auszutauschen, spielen Kik-Accounts eine große Rolle – etwa wenn es darum geht, anonyme Flirts anzubahnen.

Die Webseite *flirtuniversity.de* beschreibt das Zusammenspiel von Kik und Jodel folgendermaßen: »Kik ist ein anonymer Messenger. Denn auf Jodel kannst du zwar mit der anonymen Community schreiben, du kannst allerdings nicht mit explizit einer Person Nachrichten austauschen. Schließlich habt ihr ja auch keine Profile. Das, was geschrieben wird, kann somit immer auch von allen anderen Mitgliedern [sic] gelesen werden. Viele Mitglieder, die eigentlich auf der Suche nach einem One-Night-Stand, einer Affäre oder einer Beziehung sind, fragen unter entsprechenden Postings daher nach, ob der Verfasser des Postings Kik benutzt. Schließlich kann auch nicht nach der Nummer für WhatsApp gefragt werden, ansonsten wird Tausenden fremder Menschen deine Nummer angezeigt, und du kannst dich auf einen Haufen seltsamer und gruseliger Nachrichten einstellen.«[129]

Doch weil der Kik-Messenger anonyme Chats zulässt und dadurch auch anonyme Sexualtäter anzieht, warnen Kriminologen und Jugendschützer vor der Nutzung.[130]

Seit September 2016 existieren in Kik spezielle Concierge-Bots, die den Jugendlichen Tipps, Anleitungen oder Empfehlungen zu bestimmten Marken geben. Aus welchen Kleidungsstücken besteht Beyonces neues Outfit? Kein Problem. Durch den Kik-Chatbot »Celebstyle« erhalten Jugendliche Informationen darüber, welche Kleidungsstücke Celebrities tragen, und können sie in den jeweiligen Onlineshops gleich bestellen. Es gibt auch andere Bots dieser Art, die den Nutzern interessante Tipps zu Produkten liefern oder andere Produkte empfehlen.

Der große Vorteil bei Kik ist, dass Bots auch einfach in Gruppengespräche integriert werden können: Nutzer müssen den Bot nur im Gespräch erwähnen, schon können gleich mehrere Nutzer von dem Bot profitieren. Für den Bot bringt das ein massives virales Wachstum. Der Bot überzeugt zum Beispiel einen Nutzer, der ihn dann in einem Gruppengespräch mit zehn Nutzern erwähnt. Diese zehn Nutzer erwähnen den Bot wieder in anderen Gruppengesprächen, und plötzlich hat man 100 oder eben 1.000 Nutzer viral gewonnen.[131]

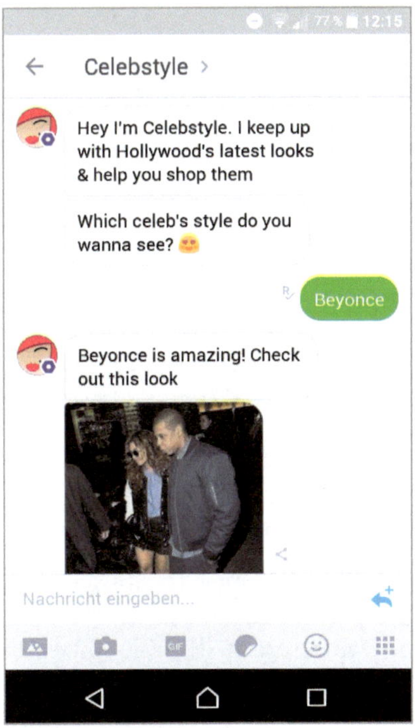

Bild 5.23: Concierge-Bots geben Tipps zu Kleidung.

Der Celebstyle-Bot, der zum Kauf von Mode anregen soll, ist ein klassisches Beispiel für sogenannten Conversational Commerce. Ein essenzieller Teil von Conversational Commerce ist, dass die Kunden eine »menschliche« Nutzererfahrung haben und Fragen stellen können. Daher birgt die Idee eines Concierge-Chatbots besonders viel Potenzial. Er zeigt potenziellen Kunden, wie das Produkt aussieht, wenn sie es tragen würden, um einen schnelleren Kauf zu erzielen.

Diese alternative Art, wie Kunden Produkte finden, lässt sich nicht nur auf Mode anwenden, sondern beispielsweise auch auf Restaurants, Reisen, Kinofilme und vieles mehr.[132]

Chatbots für die Kik-Plattform
Eine Übersicht über die für die Kik-Plattform verfügbaren Chatbots gibt es unter der URL *https://bots.KiK.com/#/*.

Wenn die Zielgruppe im Alter von 13 bis 15 Jahren liegt, ist eine Markenpräsenz durch einen Chatbot auf Kik definitiv sinnvoll, auch wenn deren größte Verbreitung im Jahr 2018 noch bei US-amerikanischen Teenagern liegt.

Sendet ein Kik-Nutzer eine Nachricht an einen Chatbot, wird sie erst durch die Kik-Server verarbeitet und dann über eine Schnittstelle (Webhook) an den Chatbot bereitgestellt. Anschließend verarbeitet der Chatbot die Anfrage und liefert eine Antwort, die dann über die Kik-Server wieder an den ursprünglichen Nutzer geliefert wird. Um einen Chatbot für Kik zu entwickeln, benötigt man also einen eigenen Server, der die jeweilige Software betreibt.

Hat man einen Chatbot für Kik entwickelt, kann man ihn zur Freigabe beim Kik-eigenen Botshop einreichen. Der Botshop ist vergleichbar mit dem App Store von Apple. Bevor ein Chatbot im Kik-Ökosystem genutzt werden kann, muss er erst vom Kik-Team freigegeben werden. Eine ausführliche Beschreibung der Anforderungen an Kik-Chatbots gibt es unter dem Link *https://dev.KiK.com/#/docs/getting-started*.

Kik-Bots finden sich durch eigene QR-Codes

Analog zu den parametrischen Codes beim Facebook Messenger lassen sich auch bei Kik QR-Codes für Chatbots erstellen. Ein Chatbot kann über einen QR-Code in verschiedenen Varianten aufgerufen werden. Dabei scannt der Kik-Nutzer in der App den QR-Code einfach ein. Bei der Generierung eines QR-Codes kann man beliebige Parameter mitgeben.

Das ist beispielsweise dann sinnvoll, wenn man eine Plakatkampagne und eine Flyer-Kampagne startet. Dann wäre es möglich, zwei unterschiedliche QR-Codes zu generieren, die zeigen, welcher Nutzer welchen QR-Code eingescannt hat. Eine ausführliche Entwicklerdokumentation zur Generierung und zu den Parametern der QR-Codes ist unter dem Link *https://dev.KiK.com/#/docs/messaging#KiK-codes-api* zu finden.

Bild 5.24: Per QR-Code zum Bot. (Quelle: *bots.Kik.com/#/hm*)

Kik-Chatbots, die Anfang 2017 bereits mehr als eine Million Nutzer zählen, sind:

- **Roll** – *https://bots.KiK.com/#/roll*
- **DisOrDatBot** – *https://bots.KiK.com/#/disordatbot*
- **Tickers the Bot** – *https://bots.KiK.com/#/tictactoebot*

Der Roll-Bot hatte eine 95-prozentige virale Verbreitung. Lediglich in fünf Prozent aller Fälle wurde der Chatbot über den Botshop von Kik heruntergeladen.[133]

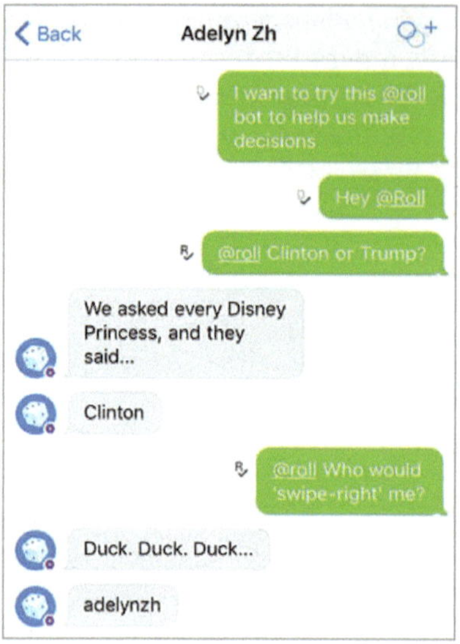

Bild 5.25: Der Roll-Bot hilft Teenagern bei Entscheidungen. (Quelle: *https://www.topbots.com/bot-discovery-virality-lessons-KiK-ceo-ted-livingston/*)

Kik profitiert stark von eigenem ICO

In einem Interview mit t3n.de erklärte Kik-Gründer Ted Livingston im Juli 2017, die Einführung einer eigenen Kryptowährung sei vor allem ein Weg zur Monetisierung des Diensts.[134]

Im Juni 2018 wurde die Kik-hauseigene Kryptowährung »Kin« im Testbetrieb eingeführt. Nutzer können Kin verdienen, indem sie beispielsweise an Umfragen von Unternehmen teilnehmen oder sich eine Anleitung zu einem neuen Feature ansehen. Sie können dann mit Kin für Services oder Produkte bezahlen. Vorläufig können Nutzer Kin über eine weitere App, Kinit, verdienen und ausgeben.[135] Unter anderem können in Zukunft auch Bots monetisiert werden, indem Unternehmen hier In-App-Käufe anbieten.[136]

5.6 Telegram-Messenger-Service

Der Telegram-Messenger bietet Ende-zu-Ende-Verschlüsselung und legt seinen Quelltext teilweise offen. Offiziell firmiert Telegram als Non-Profit-Organisation. Laut Washington Post steht hinter dem wohltätigen Zweck aber ein sehr raffiniertes Netzwerk von gewinnorientierten Unternehmen.[137] Profit oder Non-Profit – Privatsphäre und Sicherheit sind den Betreibern von Telegram besonders wichtig. Das stellten sie beispielsweise 2018 beeindruckend unter Beweis, als sie unter dem Druck von verschiedenen Regierungen die Daten der Nutzer weder freigaben noch ihre Dienste einstellten. So ordneten russische Behörden die Sperre an, aber sie wurde verweigert.[138] Auch im Iran sieht der Staat die App als kritisch an. Die Süddeutsche Zeitung schreibt sogar, für das Land sei Telegram:

»Unkontrollierbar: Der Staat blockiert den Messenger Telegram, der im Land 40 Millionen Nutzer hatte.«[139]

Geschäftsmodell mit WhatsApp vergleichbar?

Telegram ist ein kostenloser Messenger-Service. Er verlangt, ähnlich wie WhatsApp, keine Gebühren und platziert keine Werbung.[140] Mit rund 100 Millionen aktiven Nutzern im Monat liegt der Service weit hinter dem Facebook Messenger mit stolzen 1,2 Milliarden Nutzern.[141]

Gegründet wurde Telegram von Pavel Durov, der auch Russlands größtes soziales Netzwerk VKontakte gegründet hat und dessen Firma auf den Britischen Jungferninseln registriert ist. Aufgrund von politischem Druck musste er seine Anteile an VKontakte verkaufen und verließ daraufhin Russland mit 300 Millionen US-Dollar und 2.000 Bitcoins. Nikolai Durov, sein Bruder und CTO von VKontakte, entwickelte für Telegram das Protokoll »MTProto«.[142] Das Protokoll ermöglicht eine Ende-zu-Ende-Verschlüsselung der Nachrichten, die man über Telegram versendet. Das Besondere dabei ist, dass Telegram ein eigenes Protokoll entwickelt hat. WhatsApp und Facebook Messenger nutzen beispielsweise das Verschlüsselungsprotokoll der Chat-Plattform Signal.[143]

Telegram träumt von einer Welt, wie sie heute in China dank WeChat bereits Realität ist. Auf ihrer Website schreiben sie: »Imagine a world where you can order pizza, pay for a pair of shoes, hire a cab, or refill your subway pass – all in a few button taps.«[144]

Die Bezahlfunktion bei Telegram könnte grenzüberschreitendes Bezahlen günstiger machen und auch eine Bezahlmethode für Schmiergeldzahlungen darstellen. Besonders im Iran ist Telegram aufgrund seiner Anonymität sehr beliebt.[145] Mit Nutzern im Millionenbereich könnte der Dienst mit einem eigenen ICO und der Bezahlfunktion monetisiert werden.

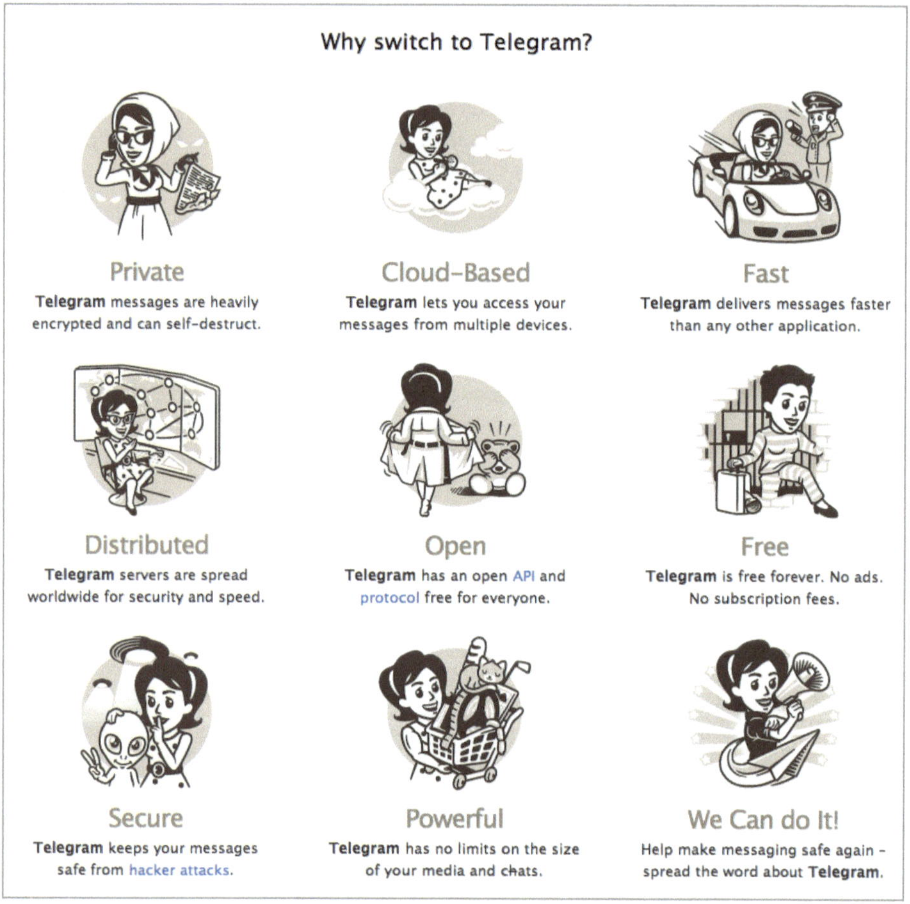

Bild 5.26: Warum sollte man Telegram nutzen? (Quelle: *https://telegram.org/*)

Die Übernahme von WhatsApp durch Facebook brachte Telegram rund fünf Millionen neue Nutzer. Der Ansturm kam so plötzlich, dass die Server der hohen Anzahl von Anfragen nicht standhalten konnten und in Europa für zwei Stunden ausfielen.[146]

Bild 5.27: Nach dem Kauf von WhatsApp durch Facebook. (Quelle: *https://twitter.com/telegram/status/437743435395514368*)

Auch als WhatsApp in Brasilien durch einen Richter für einen Tag gesperrt wurde, profitierte Telegram massiv: Mit 100 Neuanmeldungen pro Sekunde konnten so in Brasilien innerhalb kurzer Zeit 2,5 Millionen neue Nutzer gewonnen werden.[147]

Telegram-Definition von Chatbots

Telegram definiert Chatbots wie folgt: Es handelt es sich um Telegram-Accounts, die von Software bedient werden und nicht von Menschen. Telegram-Chatbots haben oft AI-Features und können (fast) alles erledigen: unterrichten, spielen, suchen, broadcasten, erinnern, verbinden, in andere Services integriert werden oder Anwendungen aus dem Internet der Dinge steuern.[148]

Bots sind Anwendungen von Drittanbietern, die innerhalb von Telegram betrieben werden. Nutzer können mit ihnen mithilfe von Nachrichten, Befehlen oder Inline-Requests kommunizieren.[149]

Chatbots per Inline-Requests steuern

Bei einem Inline-Request handelt es sich um einen Befehl, über den man jederzeit mit einem Chatbot interagieren kann – also eine dritte Option neben den Befehlen in privaten Nachrichten oder Gruppen. Man muss lediglich den Benutzernamen und eine Abfrage in das Textfeld eines beliebigen Telegram-Chats eingeben. Auf diese Weise können Anwender ihre Chatbots nutzen, ohne überhaupt Nachrichten zu senden.

Neben dem Senden von Befehlen in privaten Nachrichten oder Gruppen können Benutzer über Inline-Abfragen mit ihrem Bot interagieren. Wenn Inline-Abfragen aktiviert sind, können Benutzer ihren Bot aufrufen, indem sie seinen Benutzernamen und eine Abfrage in das Texteingabefeld eines beliebigen Chats eingeben. Die Abfrage wird in einem Update an ihren Bot gesendet.

Auf diese Weise können Personen von ihrem Bot in einem ihrer Chats, Gruppen oder Kanäle Inhalte anfordern, ohne überhaupt Nachrichten zu senden. Mit dem Inline-Modus werden die Bots omnipräsent und sind ein Tool innerhalb eines Gesprächs. Anwendungsfälle sind simpel und beinhalten etwa das Versenden von GIFs und Bildern aus dem Netz sowie von YouTube-Videos oder Wikipedia-Artikeln.

Ein paar Beispiele für allgemeine Telegram-Inline-Requests:

- **@gif** – GIF-Suche
- **@vid** – Videosuche
- **@bing** – Bing-Bildersuche
- **@wiki** – Wikipedia-Suche
- **@imdb** – IMDB-Suche

Man chattet beispielsweise mit einem Freund und streitet sich über einen bestimmten Fakt, etwa die Einwohnerzahl von Wuppertal. Um dem Freund zu beweisen, dass man recht hat, bindet man den Wikipedia-Artikel von Wuppertal komfortabel über den Inline-Request *@wiki Wuppertal* in das Gespräch ein. Alternativ lässt sich so über den Befehl *@gif champion* auch ein animiertes GIF einfügen. Chatbot-Anbieter teilen dem Nutzer die Inline-Befehle meistens beim Onboarding-Prozess mit, also wenn der Nutzer zum ersten Mal ein Gespräch mit dem Chatbot führt.

Bild 5.28: Beispiel für einen Inline-Bot. (Quelle: *https://telegram.org/file/811140636/1/hzUbyxse42w/4cd52d0464b44e1e5b*)

Die beiden folgenden Beispiele verdeutlichen die Arbeitsweise von Telegram-Chatbots:

- **Forksy** – Ein Beispiel für einen Telegram-Chatbot ist Forksy – die Persönlichkeit hilft dem Nutzer, seine Essgewohnheiten zu verbessern. Nutzer können ihr freiwillig mitteilen, welche Lebensmittel sie konsumieren. Der Chatbot gibt dann Hintergrundinformationen zu dem jeweiligen Essen und führt automatisch Protokoll über die zugeführten Kalorien. Alternativ kann man Forksy auch ein Foto des Essens schicken, und er weiß per Bilderkennung, um welches Lebensmittel es sich handelt.

  Forksy ist darüber hinaus ein schönes Beispiel für einen Chatbot, der gleich auf mehreren Plattformen existiert: Facebook Messenger, Telegram und Viber. Multi-Plattform-Chatbots werden später im Detail behandelt.

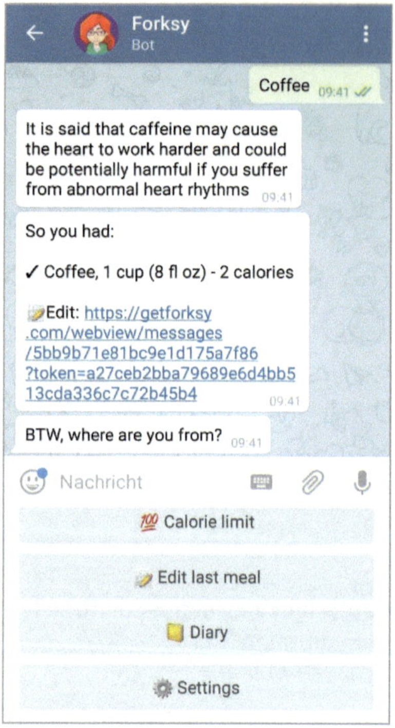

Bild 5.29: Mit Forksy seine Essgewohnheiten verbessern.

- **The Botfather** – Der Botfather ermöglicht die Steuerung, Verwaltung und Erstellung von Bots innerhalb von Telegram. Er richtet sich vor allem an Entwickler, die selbst einen eigenen Chatbot auf der Telegram-Plattform erstellen wollen.

  Der Botfather ist ein hauseigener Chatbot von Telegram. Ein cleveres Angebot – so holt Telegram die Entwickler ab, die noch nie einen Chatbot ausprobiert haben, denn sie können im Gespräch mit dem Botfather das Prinzip von Chatbots selbst ausprobieren und bekommen eventuell ein Gefühl für mögliche Grenzen und Chancen.

  Über den Botfather lassen sich außerdem per Chat-Fenster komfortabel weitere Optionen von bestehenden Bots verändern. Beispielsweise lassen sich Name, Profilbild und Beschreibung anpassen. Über den Befehl */deletebot* lässt man den Botfather den eigenen Chatbot von der Plattform löschen. Auch die bereits beschriebenen Inline-Requests lassen sich hier verwalten.

Bild 5.30: Ermöglicht im Rahmen von Telegram die Steuerung, Verwaltung und Erstellung von Bots. (Quelle: *core.telegram.org*)

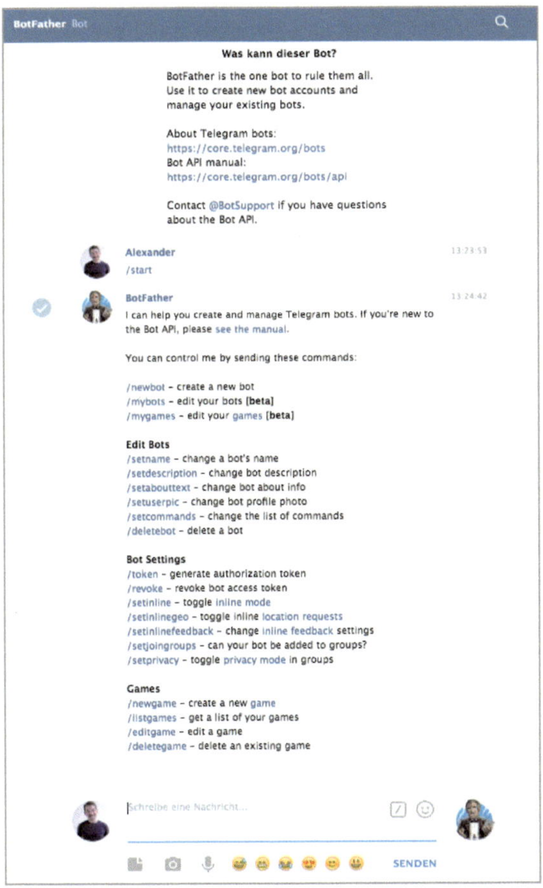

Bild 5.31: Ein Bot, um andere Bots zu verwalten.

Der Telegram-Bot-Store ist unter dem Link *https://storebot.me/* zu finden.

5.7 Salesforce-Chatbots

Auch der Cloud-Computing-Anbieter Salesforce sieht das Potenzial von Chatbots und hat daher »Einstein« entwickelt. Die Salesforce-Bot-Plattform ist seit Juni 2018 für Salesforce-Kunden verfügbar.[150] Einstein-Chatbots sind Teil der Service-Cloud von Salesforce. Diese wurde entwickelt, um vor allem Call-Center-Mitarbeiter zu entlasten und zu unterstützen. Das große Ziel ist, dem Kunden sofort einen Mehrwert zu bieten. Mithilfe der Chatbots kann ein Kunde jederzeit mit dem Unternehmen in Kontakt treten, ohne auf einen Supportmitarbeiter warten zu müssen.

Ein Chatbot kann im Rahmen von Einstein in Salesforce ohne Programmierkenntnisse erstellt werden. Dafür stellt der Anbieter einen Drag-and-drop-Baukasten zur Verfügung. Ein großer Vorteil von Einstein ist zudem, dass er sich in bestehende Salesforce-CRM-Systeme anbinden lassen und so von den bereits vorhandenen Daten lernen kann.[151] Wenn der Chatbot umgesetzt wurde, kann er über das bestehende Salesforce-Programm LiveAgent[152] angebunden und so via Webinterface oder App angeboten werden.[153]

Eine ausführliche Dokumentation zur Einstein-Plattform gibt es unter dem Link *https://www.salesforce.com/de/products/einstein/overview/*.

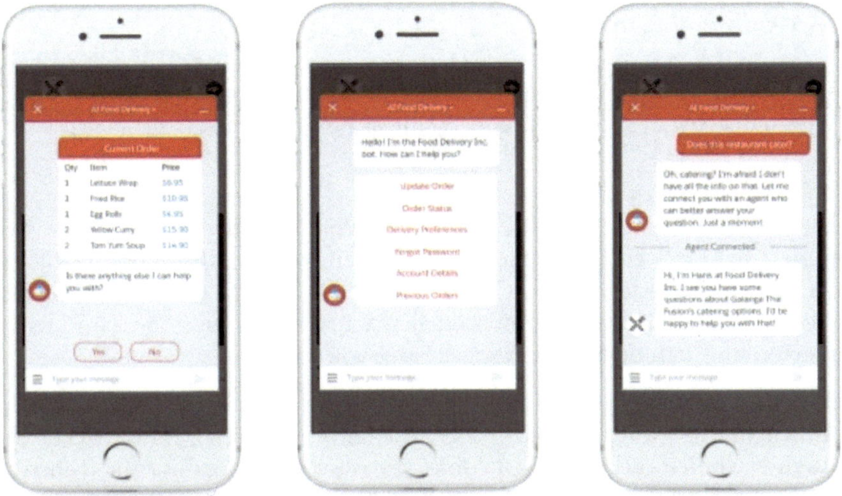

Bild 5.32: Salesforce-Chatbot Einstein. (Quelle: *https://venturebeat.com/2017/11/06/salesforces-einstein-ai-debuts-bot-platform-for-businesses/*)

5.8 Der Messenger-Dienst LINE

Bild 5.33: Das LINE-Logo. (Quelle: *https://commons.wikimedia.org/wiki/File:LINE_logo.svg*)

Der japanische Messenger-Dienst LINE existiert bereits seit 2011 auf dem Markt und steht für die elegante Mischung aus Chat-Portal und sozialem Netzwerk. Mit 217 Millionen aktiven Nutzern bereits im Januar 2017 kann man sagen, dass LINE das WhatsApp Asiens ist. Die Nutzer stammen hauptsächlich aus Japan, Taiwan, Thailand und Indonesien.[154]

LINE-Verbreitung in Europa
Einem Artikel des Magazins Gründerszene aus dem Jahr 2013 zufolge hatte LINE damals in Spanien 15 Millionen Downloads. Zum Vergleich: WhatsApp hatte zu der Zeit bereits 20 Millionen Nutzer und nicht nur Downloads.[155]

Doch obwohl Facebook seit dem Kauf von WhatsApp den europäischen Markt dominiert, hat LINE einen entscheidenden Vorteil: Während Facebook, Google und Apple die Herausforderung des Conversational Commerce gerade erst angenommen haben, läuft LINE bereits mit schnellen Schritten voraus.[156] So kam LINE mit seiner eigenen Chatbot-Plattform sogar Facebook zuvor.

Auch wenn der Messenger in Europa kaum verbreitet ist, ist der Ansatz von LINE erwähnenswert. So wurden gleich zu Beginn die verfügbaren Bots auf 10.000 Stück limitiert. Nach dem Prinzip »First come, first serve« konnten nur die frühen Entwickler einen eigenen Bot reservieren. Damit nicht genug, die Bots konnten nur maximal 50 Nutzern schreiben bzw. Konversationen mit ihnen führen.[157] Der Vorteil dieser Strategie liegt darin, dass das verknappte Angebot eventuell ein größeres Interesse bei Entwicklern ausgelöst hat. Hinzu kommt, dass sich die Pioniere der ersten LINE-Chatbots keine Patzer erlauben durften, denn sie hatten am Anfang nur die Möglichkeit, ihren Service mit initial lediglich 50 Nutzern testen zu lassen. Daher wurde automatisch auch ein höherer Qualitätsstandard geschaffen.

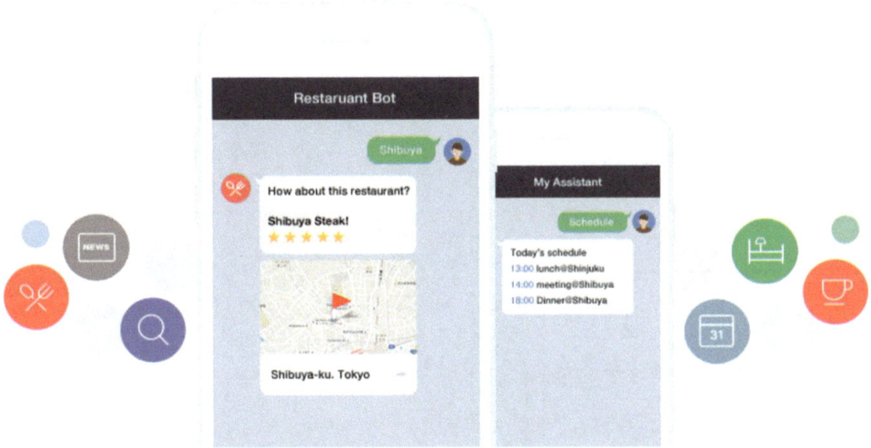

Bild 5.34: LINE bietet seine Bot-Plattform seit April 2016 an. (Quelle: *https://techcrunch.com/2016/04/07/line-is-the-latest-mobile-messaging-app-to-introduce-bots*)

Um einen Chatbot für die LINE-Plattform realisieren zu können, benötigt man einen »LINE@«-Account. Auf der Unternehmenswebseite heißt es: »LINE@-Konten wurden von LINE speziell für Firmen oder Unternehmen entwickelt. Diese Konten bieten Ihnen eine große Bandbreite an Funktionen, mit denen Sie für Ihre Firma, Ihre Marke oder Ihr Produkt mit innovativen Methoden werben und viele Menschen erreichen können.«[158]

Bild 5.35: Broadcast-Nachrichten an Follower senden. (Quelle: *https://play.google.com/store/apps/details?id=com.linecorp.lineat.android*)

Der Account und alle LINE@-Funktionen sind momentan kostenfrei. LINE@ stellt sich als eine Art Mischung aus WhatsApp Business und einer Facebook-Seite dar.

Mit einem LINE@-Account sind unter anderem folgende Funktionen möglich:

- Versand von Broadcast-Nachrichten
- Einzelchat
- Timeline-Posts

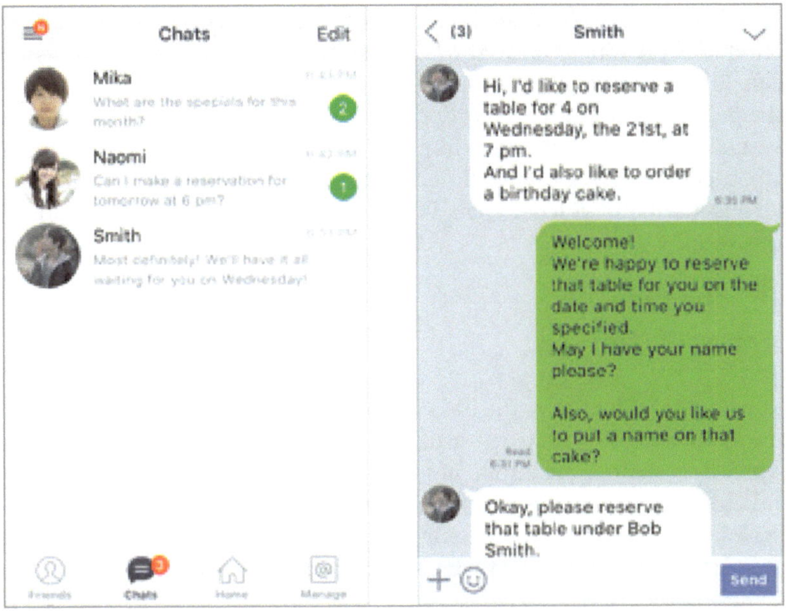

Bild 5.36: Nachrichten als Unternehmen in LINE beantworten. (Quelle: *https://at.line.me/de/feature*)

Weitere Informationen zum LINE@-Preismodell erhalten Sie unter:

https://at.line.me/de/plan

Hier der Link zur LINE-Messaging-API:

https://developers.line.me/en/docs/messaging-api/overview/

LINE setzt auf Kryptowährungen

Dass mittlerweile mehr als drei Messenger-Dienste auf eigene Kryptowährungen setzen, hat zwei Gründe:

- Zum einen ist ein *Initial Coin Offering* (ICO) besonders lukrativ, um kurzfristig finanzielle Liquidität im Unternehmen zu erreichen.
- Darüber hinaus ermöglicht die eigene Kryptowährung In-App-Käufe, um dadurch auch besonders Chatbots zu monetisieren und Entwickler so einen weiteren Mehrwert zu bieten.

Die hauseigene Kryptobörse soll deshalb in den eigenen Messenger integriert werden. So beschreibt es die t3n: »Weltweit nutzen mehr als 200 Millionen Menschen monatlich den LINE-Messenger. Mit LINE Pay verfügt die japanische Chat-App außerdem über eine Bezahlfunktion, mit der jährlich mehr als drei Milliarden Euro umgesetzt werden. An diesen Erfolg anknüpfend, plant das Tokioer Unternehmen jetzt den Aufbau einer eigenen direkt in den Messenger integrierten Kryptobörse, die von einer eigens dafür geschaffenen Firmentochter namens LINE Financial betreut werden soll.«[159]

5.9 Sprachassistenten

Neben den klassischen »Chatbots«, die bislang vorgestellt wurden, gibt es die sogenannten Sprachassistenten. Fast jeder große Digitalkonzern bietet seinen Nutzern einen Sprachassistenten an. Apple hat Siri, Microsoft hat Cortana, Amazon hat Alexa und Google den Google Assistant. Sprachassistenten unterscheiden sich von »regulären« Chatbots vor allem dadurch, dass sie durch Sprachbefehle gesteuert werden können anstatt nur durch Textbefehle im Chat.

Laut einer Studie des Branchenverbands Bitkom nutzen in Deutschland bereits rund neun Millionen Menschen (13 Prozent) einen intelligenten Lautsprecher mit digitalem Sprachassistenten wie Amazon Echo, Google Home oder Apple HomePod. Hauptsächlich werden sie genutzt, um per Sprachbefehl Musik abzuspielen oder Radio zu hören. 22 Prozent der Befragten bestellen Taxis.

SEO-Experten aufgepasst! 21 Prozent konzentrieren ihre Sprachbefehle auf allgemeine Suchanfragen, und 15 Prozent lassen sich ihre Mails vorlesen. Entscheidend für den Erfolg der Sprachassistenten ist, dass sie in immer mehr Geräte integriert werden: Notebooks, Autos, Wearables etc.[160]

Alexa – die Stimme hinter Echo

Alexa ist die Stimme hinter Amazons smartem Lautsprecher Echo. Entwickler können für Alexa Plug-ins/Apps entwickeln, die Amazon Skills nennt. Sie ermöglichen es, dass Nutzer Services von Drittanbietern per Sprachbefehl steuern können. Amazon liefert mit dem Alexa Skills Kit alles, was Entwickler benötigen, um einen eigenen Skill zu entwickeln: Schritt-für-Schritt-Anleitungen, Checklisten, in denen steht, worauf es ankommt, wenn man Anwendungen für Voice entwirft, etc.[161]

Im Juli 2017 zählte man bereits 15.000 Skills für Amazons Sprachplattform. Die Plattform wuchs in rund vier bis fünf Monaten um 5.000 Skills. Das zeigt, wie stark auch Drittanbieter auf den Erfolg von Amazons Sprachplattform Alexa setzen, die unter anderem auf Geräten wie Amazon Echo und Amazon Dot verfügbar ist.

Zum Vergleich: Damals wurden für den Google Assistant 378 Apps gezählt, für Microsoft Cortana waren es gerade einmal 65.[162] Unter den 15.000 Skills gibt es auch kuriose Anwendungen. Beispielsweise spülen manche Nutzer ihre Toilette per Spracheingabe.[163]

Chompers – das Zahnputz-Skill

Chompers zählt in den USA zu den beliebtesten Skills von Alexa. Dank Gamification nutzen vor allem Kinder den Skill gern, weil sie es kaum erwarten können, mehr Punkte durch das Zähneputzen zu gewinnen, um dann beispielsweise ein Level freizuschalten. So schreibt ein Vater auf Amazon: »They keep count of how often my son brushes, which means he can't wait to got the next goal (he's almost up to 100!).«

Bild 5.37: Mit Witz und Spannung Zähne putzen. (Quelle: *https://www.producthunt.com/posts/chompers*)

Kinder hören bei diesem Skill Witze, Rätsel, Geschichten oder alberne Lieder, die sie bei Laune halten und zum Zähneputzen motivieren – und zwar genau zwei Minuten lang, wie es die Zahnärzte empfehlen. Chompers führt eine Statistik über die Zahnputzgewohnheiten der Familie und gibt Belohnungen aus, wenn eine bestimmte Anzahl erreicht wurde. Zielgruppe sind Kinder von drei bis sieben Jahren.[164]

Der Skill ist aber auch bei Erwachsenen beliebt: »Dude, I'm straight up a GROWN-UP and I can already tell I'm going to be addicted to maintaining my brushing streak.«[165] Klar, man könnte auch nur ein Hörspiel als CD einlegen. Aber eventuell möchte man nicht jedes Mal eine CD einlegen, sondern einfach nur mit der Stimme den Befehl starten.

Alexa – auch bei Senioren beliebt

»Manche ältere Menschen nutzen Alexa bereits in Eigenregie, um ihre Einsamkeit zu lindern oder sich an Medikamente erinnern zu lassen.«[166] Vor allem bei Senioren sind Alexa-Skills beliebt. Man muss nichts drücken, man muss keine komplizierten Menüs bedienen oder Buttons erkennen. Man kann mit dem Assistenten sprechen oder ihn bitten, das Radio zu starten, die Verwandten anzurufen und vieles mehr.

So auch Jim Bates, ein 79 Jahre alter Mann mit zitternden Händen: Für ihn ist es viel einfacher, das Web mit Alexa zu durchsuchen statt mit Eingaben auf seinem Laptop oder iPhone.[167] Für die Marketingabteilung ist das besonders spannend, da ein ganz neuer Kanal genutzt werden kann, um Senioren zu erreichen.

Google Assistant und das SDK

Der Google Assistant lässt sich mit Siri vergleichen. Man aktiviert das Smartphone über ein Signalwort oder eine Taste, und der Assistant startet beispielsweise eine Google-Suche.[168]

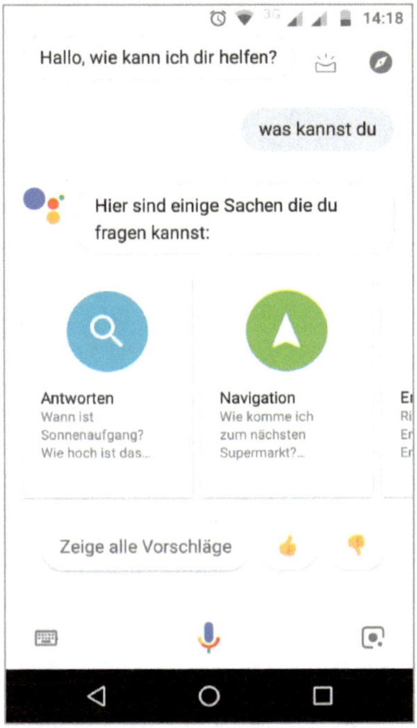

Bild 5.38: Der Google Assistant merkt sich Eingaben und versteht Kontext.

Bisher gab es in der Bot-Community viele Spekulationen darüber, ob und wann Google eine Schnittstelle für Entwickler bereitstellen würde, um ähnlich wie bei Alexa eigene Anwendungen für den Google Assistant zu erstellen. Mittlerweile ist es sogar möglich, selbst Anwendungen zu erstellen. Diese nennt man im Google-Assistant-Jargon »Actions«.[169]

Google stellt dafür die Google Console zur Verfügung. Hier wählt man eine passende Vorlage aus, um eine eigene Action zu erstellen. Man kann zwischen *Games & Fun*, *Smart Home*, *Health* und vielen weiteren Kategorien wählen. Je nachdem, für welche man sich entscheidet, ist die Vorlage eine andere.[170]

Die Vorlage dient dazu, den Entwickler der Action in verschiedenen Schritten zu begleiten. Vom Gesprächsdesign über das Testing bis zum Deployment und der offiziellen Freigabe durch Google sind alle Schritte abgedeckt. Nutzer finden freigegebene Actions für den Google Assistant dann beispielsweise auf der offiziellen Website des Google Assistant unter dem Link *https://assistant.google.com/explore*.

Das Spannende ist nicht nur, dass man mittlerweile eigene Programme für den Google Assistant umsetzen kann, Google bietet auch ein eigenes *Software Develop-*

ment Kit (SDK) an, damit Entwickler ihre persönlichen Assistenten für unterschiedliche Hardwareprototypen umsetzen können.[171]

Apple Siri und das SDK

Auch Apple ermöglicht durch ein SDK, das Sirikit, die Entwicklung und Einbindung von Siri in bestehende iOS-Apps. Doch damit nicht genug: Die Verwendung des neuen Apple Homepod ist damit ebenfalls möglich. Siri übernimmt dabei die Spracherkennung und das Natural Language Processing.[172] Eine mögliche Anwendung für Siri ist die Steuerung einer Bezahl-App per Sprache.

»Send $100 to John for dinner last night using MyPayApp.«[173]

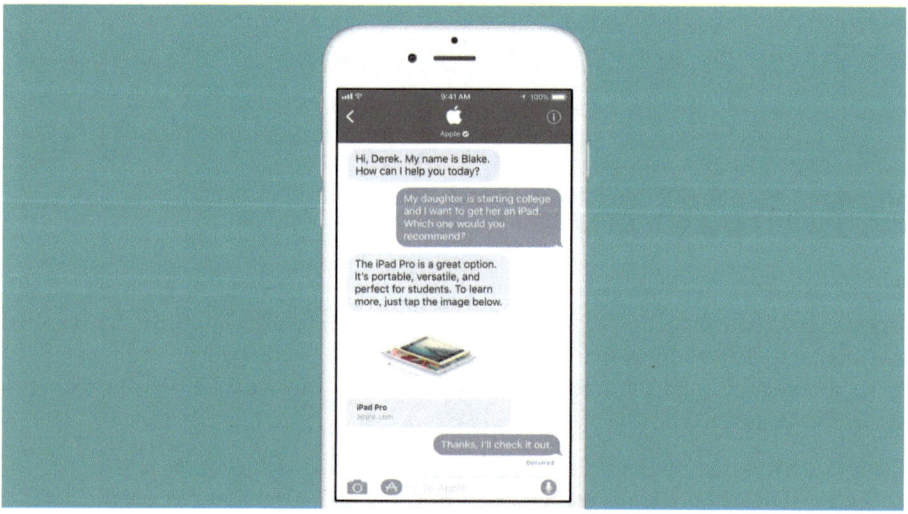

Bild 5.39: Apple iMessage mit Business-Chat. (Quelle: *https://techcrunch.com/2018/01/24/apple-to-take-on-messaging-rivals-with-launch-of-business-chat/*)

Exkurs zu iMessage
Auch Apple lässt sich seine Chance im Conversational Commerce nicht entgehen und erweitert seinen eigenen Messenger-Dienst, um die Kommunikation zwischen Unternehmen und Kunden zu verbessern.[174] Mit Business-Chat[175] lassen sich zum Beispiel Kundenfragen beantworten, Termine vereinbaren oder Versandinformationen übermitteln. Als Bezahlfunktion eingebunden ist der Bezahldienst Apple Pay, der in Deutschland voraussichtlich Ende 2018 gestartet wird. Apples Business-Chat ist nur auf Apple-Geräten verfügbar und wird in den USA unter anderem von den Hotelketten Hilton, Marriott und Four Seasons sowie den Home-Depot-Baumärkten und T-Mobile US genutzt.[176] In Deutschland startet der Service zunächst unter anderem mit dem Telekommunikationsanbieter Vodafone. Damit folgt iMessage der Strategie von WhatsApp Business und Facebook Messenger.

Microsoft Cortana und Skype

Microsoft spielt mit zwei Diensten im Bot-Ökosystem mit: zum einen mit Cortana, ein Voice Assistant, der mit Siri und Alexa vergleichbar ist, und zum anderen mit Skype, das als Plattform für Chatbots fungiert. Interessant vor allem für Entwickler ist, dass Microsoft auch ein eigenes Bot-Framework anbietet, mit dem Bots entwickelt werden können, um folgende Kanäle zu nutzen: SMS, E-Mail, Skype, Slack und Facebook Messenger.[177]

5.10 Digital Voice und Persönlichkeit

Amazons Alexa, Apples Siri, Microsofts Cortana und Google Assistant – warum haben alle eine weibliche Stimme? Eventuell liegt es daran, dass mehr Männer Sprachassistenten nutzen – so beschreibt Welt online im September 2017.[178] Doch daran liegt es nicht, denn in einer Studie der Indiana University aus dem Jahr 2008 fand man heraus, dass sowohl Männer als auch Frauen eine weibliche Stimme gegenüber einer männlichen oder einer Computerstimme bevorzugen und als herzlicher empfinden.[179]

Wie viel Persönlichkeit verträgt ein Sprachassistent?

Wie gehen Sprachassistenten mit Beleidigungen oder sexistischen Annäherungen um? Das hat Journalistin Leah Fessler unter anderem mit Alexa, Siri und Cortana in den USA getestet. Sie alle reagierten lediglich in wenigen Fällen ablehnend – was impliziert, dass es andere Arten von Assistentinnen gibt, die offenbar nur allzu gern Sex haben. Unter anderem Amazon reagierte bereits auf die Vorfälle und bietet einen sogenannten Disengage Mode an, der mit angepassten Antworten die negativen Stereotypen über Frauen nicht weiter verstärken soll.[180] [181]

Sprachassistenten sind nicht nur mit sexistischen Äußerungen konfrontiert, die Persönlichkeitsteams von Alexa & Co. sind sich darüber im Klaren, dass es nicht allen Menschen gefällt, was Sprachassistenten antworten. Sie haben daher jahrelang an den Richtlinien zur Persönlichkeit des Sprachassistenten gearbeitet.[182] Zu Recht, denn sie tragen eine große soziale Verantwortung gegenüber der Gesellschaft, vor allem wenn die Assistenten eines Tages dank Internet der Dinge allgegenwärtig sein werden. Manche Stimmen fordern auch die Einrichtung von Prüf- und Beschwerdeinstanzen sowie Mechanismen, die eine Monopolisierung auf dem Markt für Systeme der algorithmischen Entscheidungsfindung verhindern.[183]

Twitter mit Chatbots auf zwei Ebenen

Bei Twitter existieren Chatbots auf zwei Ebenen. Die erste Ebene ist die Ebene der Direktnachrichten. Hier gibt es die Möglichkeit, per Schnittstelle auf die Nachrichten des Nutzers zuzugreifen, um eine automatisierte Antwort zu gewährleisten. Sendet man eine Direktnachricht an das Twitter-Konto eines Unternehmens, kann ein Chatbot für eine sofortige erste Antwort und eine Begrüßung sorgen als Ausdruck eines schnellen und (scheinbar) persönlichen Kundenservice.[184]

Doch das große Potenzial bei Twitter liegt eher in den (Service-)Tweets. Dabei schreiben Nutzer einen Tweet an die Twitter-Accounts der Unternehmen, um eine Frage zu ihrem Service oder sogar zu einer Buchung zu klären. Das Unternehmen muss dann schnell und kompetent handeln. Das Potenzial der Automatisierung bei möglichst zeitnahen Antworten liegt auf der Hand. Die zweite Ebene der Chatbot-Use-Cases bei Twitter liegt in den sogenannten »Quick Replies«.[185]

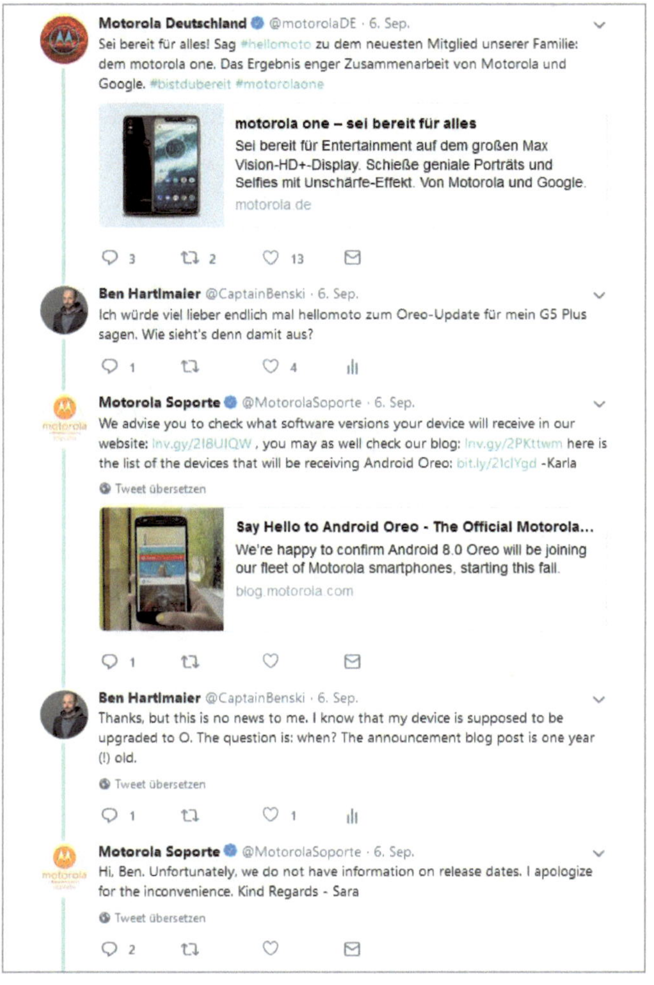

Bild 5.40: Chatbots-Ebenen bei Twitter: Direktnachrichten und Service-Tweets von Unternehmen. (Quelle: Twitter)

Konkrete Success-Storys, wie Unternehmen wie Hilton oder T-Mobile in den USA Twitter im Kundenservice nutzen, gibt es unter dem Link *https://developer.twitter.com/en/use-cases/engage.*

Eine einfache Schrittanleitung findet man unter dem Link *https://chatbotslife.com/how-to-make-a-twitter-bot-841b20655328.*

5.11 Native Chatbot-Entwicklung

Native Chatbot-Entwicklung bedeutet, dass der Chatbot entweder im Web oder als eigene App existiert. Damit hat der Autor des Chatbots die vollständige Kontrolle über User Experience und Customer Journey.

Weniger abhängig von Messenger-Plattformen

Weitere Vorteile liegen in einer geringeren Abhängigkeit von bestehenden Messenger-Plattformen. Nach dem Datenskandal von Facebook in Verbindung mit Cambridge Analytica[186] hatte das Unternehmen drastische Maßnahmen angeordnet. Von heute auf morgen konnten plötzlich keine neuen Chatbots im Rahmen des Facebook Messenger gelauncht werden. Ein Schock für viele Agenturen und Entwickler, die ihren Kunden bereits Veröffentlichungstermine zugesagt hatten.

Schutz der Verbraucherdaten

In der Medizin- und der Finanzindustrie gelten hohe Sicherheitsstandards, wenn es um die Daten ihrer Verbraucher geht. Hier ist es häufig nicht möglich, sensible Daten mit Facebook zu teilen. Letztlich gehören die Daten dann auch dem sozialen Netzwerk. Daher gibt es bereits Unternehmen, die auf einen Chatbot im sozialen Netzwerk verzichten und eine eigene Lösung entwickeln: wie etwa die Bank of America, die mit Erica ihren eigenen nativen Chatbot entwickelt hat.[187]

Reibungsverluste vermeiden

Ein Nutzer besucht die Website eines Unternehmens und möchte sich über ein Produkt informieren. Das Unternehmen bietet zu diesem Zweck einen Facebook-Messenger-Chatbot auf der Website an. Was passiert, wenn der Nutzer aktuell nicht im Messenger eingeloggt ist? Die Gefahr ist groß, dass er die Website verlässt und zur Konkurrenz geht. Ein nativer Chatbot oder schon ein reiner Web-Chatbot hilft, den Nutzer sofort einen Mehrwert zu bieten, ohne dass er sich registrieren oder einloggen muss. Ein Beispiel ist der Chatbot Henry der Plattform jusmeum, der Nutzern bei Rechtsangelegenheiten zur Seite steht.

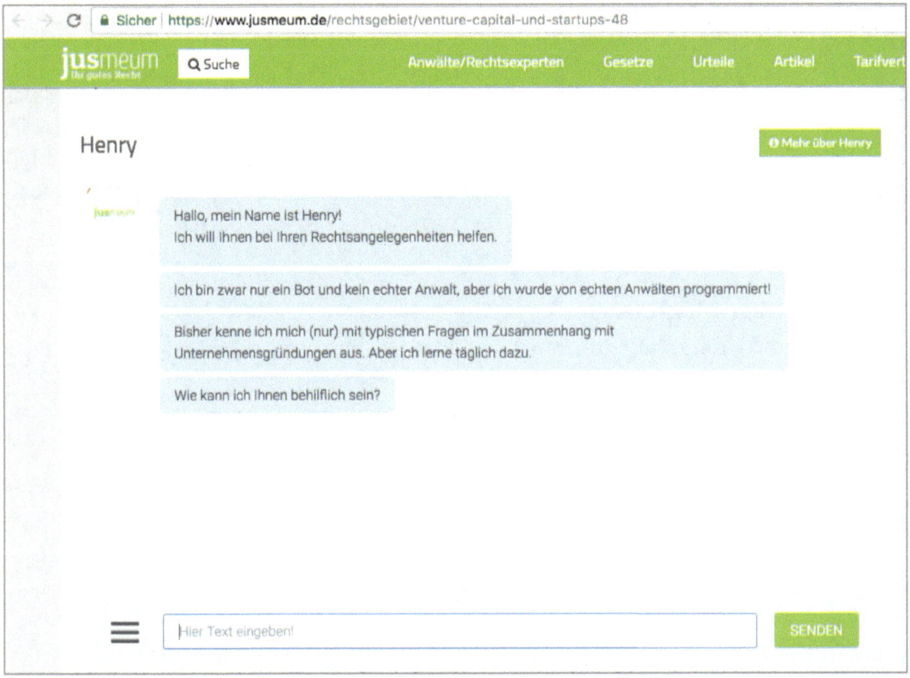

Bild 5.41: Chatbot als Webversion. (Quelle: Jusmeum.de)

Geringere Retention Rate

Die native Chatbot-Entwicklung bringt aber auch Nachteile mit sich. Beispielsweise nutzen viele Menschen den Facebook Messenger bereits täglich und haben sich an die Oberfläche (UX) gewöhnt. Bei einem nativen Chatbot besteht die Gefahr, dass sie sich erst an die neue Oberfläche gewöhnen müssen. Das Ergebnis ist in der Regel, dass der Nutzer lieber woanders hingeht.

Chatbots mit wenig Skalierungspotenzial

Ein Chatbot innerhalb eines Messenger-Diensts bringt das Potenzial mit, viral zu wachsen. Über den Discovery-Tab beim Facebook Messenger beispielsweise wird der Chatbot der riesigen Nutzerbasis dieses Messengers automatisch und ohne weitere Marketingkosten vorgeschlagen – es handelt sich also um einen weiteren Kommunikations- und Marketingkanal. Bei einem nativen Chatbot als Website sind die

Besucher der Website die einzigen Nutzer des Chatbots. Es gibt kein Skalierungspotenzial.

Ein weiterer Nachteil eines nativen Chatbots in Form einer Website ist, dass das Gespräch verschwindet, sobald der Nutzer das Browserfenster schließt. Anders ist das beispielsweise beim Facebook Messenger. Wenn man hier die App schließt, bleiben die Angaben und das Gespräch erhalten. Auch Push-Notifications können weiterhin gesendet werden. Die Verbindung zum Kunden bleibt bestehen.

Sonstige Chat-Plattformen

Neben den bereits aufgeführten Chat-Plattformen gibt es eine ganze Menge weiterer:

- Kakao Talk
- Viber
- Tencent QQ

6 WHATSAPP BUSINESS

WhatsApp arbeitete Mitte 2017 testweise an einem Kommunikationskanal, der Unternehmen mit ihren Kunden verbinden sollte. Ausgewählte Firmen konnten den neuen Service *WhatsApp Business* damals testen. Im Unternehmensblog hieß es:

»Wir wissen, dass Unternehmen viele Anforderungen stellen. Sie möchten zum Beispiel eine offizielle Präsenz – ein verifiziertes Profil, das sie klar als das Unternehmen identifiziert – und eine einfachere Möglichkeit, auf Nachrichten zu reagieren. Wir entwickeln und testen neue Tools, die wir über folgende Neuerungen verfügbar machen: eine kostenlose WhatsApp-Business-App für kleine bis mittelgroße Unternehmen und eine Unternehmenslösung für Großunternehmen mit globaler Kundschaft, wie zum Beispiel Fluggesellschaften, Onlinehandel und Banken. Diese Unternehmen werden unsere Lösungen dazu nutzen können, ihre Kunden über nützliche Informationen wie Flugzeiten, Lieferbestätigungen und andere Informationen zu benachrichtigen«.[188]

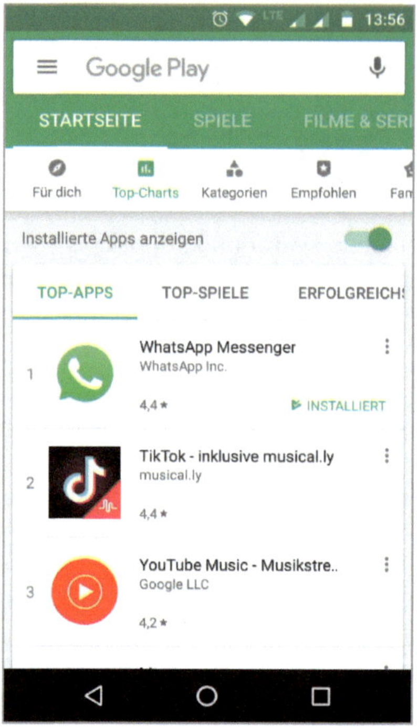

Bild 6.1: Anzeige von aus Google Play installierten Apps.

WhatsApp gehört zu den meistgenutzten Android- und iOS-Apps in Deutschland. Weltweit wird WhatsApp von einer Milliarde Anwendern pro Tag genutzt, 55 Milliarden Nachrichten pro Tag werden so ausgetauscht.

Bild 6.2: Diese Zahlen stammen von Juli 2017, sie dürften heute weit höher sein. (Quelle: WhatsApp)

Unternehmen möchten WhatsApp nutzen, da sie dort den Großteil ihrer Kunden erreichen können.

»Facebook acquired WhatsApp and has since funded and launched a huge Bot initiative on its own Messenger platform. At this stage they are maintaining WhatsApp as a pure messaging service.«[189]

Doch bisher war es laut den AGB von WhatsApp verboten, einen Chatbot-Service anzubieten. »Aus Sicht des neuen Eigentümers ist das nur verständlich, denn ansonsten würde der grüne Messenger die Dienste des blauen Riesen eventuell kannibalisieren«[190], schreibt Felix Disselhoff im Branchenmagazin Curved.

Das deutsche Start-up chatShopper probierte es dennoch und wurde anschließend abgemahnt. Auch ein Start-up aus Brasilien versuchte es mehrfach, und dessen Account wurde ebenfalls mehrfach gelöscht.[191] Manche Unternehmen haben sogar explizit Mitarbeiter damit beauftragt, Anfragen via WhatsApp zu beantworten, um ein automatisiertes System vorzutäuschen, um den Eindruck eines positiven und effizienten Kundenservice zu vermitteln.

6.1 Breite Zielgruppe von Jung bis Alt

WhatsApp nutzen Jugendliche, aber die App ist auch bei Senioren sehr beliebt, denn die Gruppe für den Familienchat ist schnell erstellt, und es lassen sich unkompliziert Fotos und Nachrichten mit den Verwandten austauschen. Darüber hinaus organisieren sich Teams aus Unternehmen offiziell und inoffiziell[v] darüber – egal ob Teams in der Automobilproduktion oder das Sales-Team eines IT-Start-ups.

[v] Das habe ich selbst in meiner Beratertätigkeit erlebt.

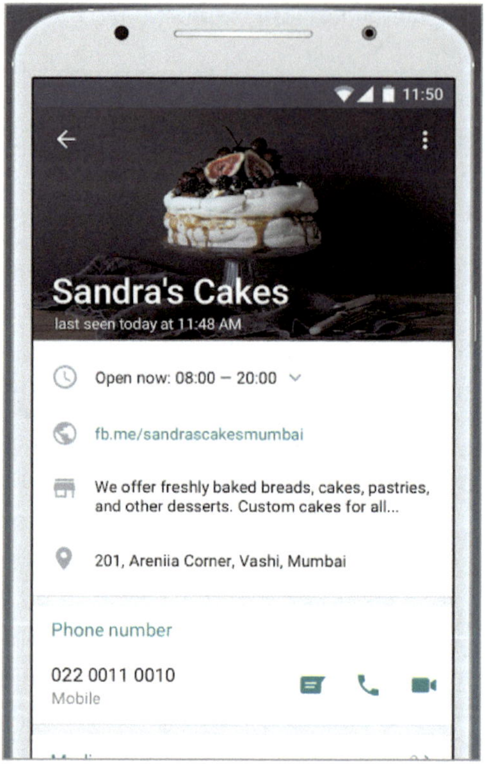

Bild 6.3: WhatsApp Business. (Quelle: Google Play Store)

6.2 WhatsApp Business in Deutschland

Seit Januar 2018 existiert WhatsApp Business auch in Deutschland als Android-App. Die neue App soll vor allem die Kommunikation der Kleinunternehmer vereinfachen. Laut einer Studie[vi] gaben über 80 Prozent der Kleinunternehmen in Brasilien und Indien an, dass sie über WhatsApp mit ihren Kunden kommunizieren.

Unternehmen können sich mithilfe der App eigene Profile anlegen, vergleichbar mit einer Facebook-Seite. Die anderen Funktionen sind ähnlich: Schnellantworten auf häufig gestellte Fragen, Begrüßungsnachrichten oder Abwesenheitsinformationen.

vi Quelle: Morning Consult-Studie

Neu ist die Funktion der Nachrichtenstatistiken. WhatsApp überprüft, ob die angegebene Telefonnummer mit der des Unternehmens übereinstimmt. Falls das der Fall ist, wird der Unternehmens-Account in WhatsApp als offiziell bestätigt angezeigt. Kunden können aber weiterhin Unternehmensnachrichten blockieren oder Spam melden. Momentan ist die App nur für Android verfügbar und wird weltweit eingeführt.

WhatsApp Business ist ein Versuch, WhatsApp langfristig zu monetisieren.[192] 2018 öffnete sich der grüne Riese immer weiter für Unternehmen. Neben der dedizierten App, die hauptsächlich kleine Geschäfte im Fokus hat, geht WhatsApp mit der WhatsApp-Business-API den nächsten Schritt und bietet eine Lösung speziell für große Marken und Konzerne an.[193]

Die Schnittstelle (API) bietet Unternehmen die Möglichkeit, ihren Kundenservice zu automatisieren. Beispielsweise kann ein Kunde dem Unternehmen via WhatsApp schreiben, und das Unternehmen leitet die Anfrage über die Schnittstelle an einen Servicemitarbeiter weiter. Der Servicemitarbeiter kann dann auf die Nachricht reagieren. Das Geschäftsmodell sieht vor, dass Unternehmen nur dann zur Kasse gebeten werden, wenn die Kundenanfragen nicht innerhalb von 24 Stunden beantwortet werden.

Das ist ein cleverer Schachzug von WhatsApp, denn damit werden zwei Dinge erreicht: die schnelle Verbreitung und Integration der Schnittstelle in den Kundenserviceabteilungen der Unternehmen und zudem ein positives Erlebnis auf Kundenseite, da diese eine besonders schnelle Reaktion auf ihre Anfragen erhalten und sich WhatsApp damit womöglich von anderen Kanälen unterscheidet – endlich keine Warteschleifen mehr am Telefon. Die Pflicht, Kundenanliegen besonders schnell beantworten zu müssen, birgt auch eine große Chance für Chatbots.

Anders als der Facebook Messenger bringt WhatsApp noch keine grafischen Buttons mit. Wenn Nutzer also mit einer Mehrfachauswahl konfrontiert werden sollen, müssen sie Ihre Wahl noch per Nummer eingeben. Der Chatbot könnte den Nutzer fragen, für welche Option er sich entscheidet: Tippe 1 für Bananen, tippe 2 für Äpfel, tippe 3 für Birnen.

6.3 WhatsApp-Broadcast vs. -Gruppenchat

Bei einer so großen Nutzeranzahl zieht WhatsApp die Marketingabteilungen der Unternehmen äußerst schnell an. Durch die hohe Verbreitung ist das Newsletter-System bzw. die Broadcast-Funktion via WhatsApp ein guter Use Case. Über den

Broadcast, eine Art Gruppenchat mit Kommunikationseinbahnstraße, lassen sich mehrere Personen mit einer Nachricht erreichen.

Bei einem Gruppenchat sehen sich alle Teilnehmer gegenseitig. Auch ihre Mobilnummern sind für alle Teilnehmer des Chats sichtbar. Beim Broadcast hat nur der Ersteller der Liste die Sicht auf alle Teilnehmer. Auch die Mobilnummern bleiben dem Ersteller vorbehalten. Wenn ein Empfänger des Broadcasts auf eine Nachricht antwortet, geht diese nur an den Ersteller der Liste. Die Nachricht wird nicht an alle Teilnehmer des Chats gesendet, wie es beim Gruppenchat der Fall ist.

Folgende Anbieter vereinfachen das Senden von Broadcasts durch ihre Services: WhatsService, InstaNews, WhatsATool, MessengerPeople[vii] etc.

Die Telekom musste ihren Service vorübergehend einstellen, weil er über einen Drittanbieter, das Startup WhatsBroadcast, betrieben wurde, was 2016 noch gegen die AGBs von WhatsApp verstieß. Telekom-Sprecher Philipp Schindera sagte in einem Interview mit dem Portal inside-handy: »Die Reaktion eines Internetgiganten gegenüber einem kleinen Start-up ist vollkommen unangemessen.«

Doch das Facebook-Tochterunternehmen blieb hart und verwies damals darauf, dass der Dienst ausschließlich persönlich gebraucht werden dürfe. An Schinderas grundsätzlicher Überzeugung änderte das vorläufige Aus in Sachen WhatsApp nichts: »Wir müssen die Kanäle bedienen, die populär sind und die uns Reichweite bringen – und WhatsApp ist unbestritten ein solcher Kanal. Deshalb ist es naheliegend, nicht nur über Facebook, Twitter und Instagram zu kommunizieren, sondern auch über diesen Weg.«[194]

Allerdings ist zu erwähnen, dass sich der Vorfall im März 2016 ereignete. Mittlerweile hat WhatsApp seine AGB gelockert. Der damalige Service der Telekom wäre jetzt erlaubt.

Eines der vielen Paradebeispiele für die erfolgreiche Nutzung von WhatsApp im Marketing, ist urlaubgsuru.de. Entsprechend positiv fallen dort die Marketing-KPIs aus. Das Schnäppchenportal hat seit Sommer 2017 rund 140.000 WhatsApp-Abonnenten angelockt. Jeden Tag verschickt es ein Reiseangebot. Ein wichtiger KPI ist die Click-Through-Rate. In der Regel liegt sie bei mindestens 25 Prozent, oft deutlich höher, wie Geschäftsführer Daniel Marx berichtet. »Unser Rekord liegt bei 75 Prozent.«[195] So beschreibt es das Branchenportal Werben und Verkaufen.

---

vii Ehemals WhatsBroadcast

7 Natural Language Processing ...

... oder wie Chatbots natürliche Sprache verstehen. *Natural Language Processing* (NLP), *Natural Language Understanding* (NLU) und *Natural Language Generation* (NLG) sind im Chatbot-Umfeld zentrale technische Begriffe. Allerdings werden sie oft verwechselt oder synonym verwendet. Dieses Kapitel skizziert die Unterschiede und bietet eine Einführung in das Verständnis der Sprache von Chatbots.

7.1 Strukturierte Information

Chatbots sind nicht gleichzusetzen mit künstlicher Intelligenz. Die Wissenschaft bzw. Technologie *Natural Language Processing* ist ein Teilbereich der Informatik bzw. der künstlichen Intelligenz und wird stark von der Linguistik geprägt. Dank NLP können Texte oder Sprache in strukturierte Informationen codiert werden, damit auch ein Computer sie verarbeiten kann.[196] Mit einfachen Anwendungen, wie dem Zählen von Wörtern oder der Rechtschreibkorrektur, ist NLP bereits fester Bestandteil unseres Alltags. Die genannten Beispiele gelten als »einfaches« NLP, wohingegen das NLP für Chatbots und die maschinelle Übersetzung zu den »höheren« NLP-Anwendungen zählen.

Herausforderung Sprachverständnis

NLP verfolgt die Vision, dass jegliche Form von Sprache, gesprochen oder geschrieben, erkannt werden kann. Nicht nur einzelne Wörter werden dabei verstanden, sondern auch der Zusammenhang in ganzen Sätzen. Computer verstehen die Zusammenhänge der einzelnen Zeichen dank Algorithmen. Die Algorithmen, die von den Programmierern definiert werden, sind nichts anderes als Regeln, wie die einzelnen Zeichen zu interpretieren sind, damit sie eine Bedeutung für den Computer ergeben. Die Herausforderung der maschinellen Verarbeitung liegt in erster Linie also nicht in der Produktion von natürlicher Sprache, sondern im Verständnis.[197]

1954 war es Forschern gelungen, 60 Sätze auf Russisch mithilfe einer Maschine ins Englische zu übersetzen. Erst 1980 wurden die ersten Systeme für statistisch basierte maschinelle Übersetzungen entwickelt.[198]

Bild 7.1: Verknüpfung von Linguistik und Computerwissenschaft. (Quelle: *https://de.ryte.com/wiki/Natural_Language_Processing*)

Faktoren bei der NLP-Spracherkennung

Als Muttersprachler ist einem häufig nicht bewusst, wie viele implizite Erfahrungswerte in Sprache mitschwingen. Oft fällt das erst jemandem auf, der eine Sprache gerade lernt, wie der folgende Screenshot zeigt.

Bild 7.2: Erfahrungswerte in Sprache. (Quelle: Twitter)

Computer oder Chatbots sind in Bezug auf natürliche menschliche Sprache die ultimativen Fremdsprachler, da sie bislang nur Maschinencode »sprechen«. Nicht nur die impliziten Erfahrungswerte einer Sprache sind relevant für das Verständnis, auch der Kontext von Objekten in einem Satz ist wichtig.

Beispiel: Ich setzte mich im Auto auf den Rücksitz.

Wir Menschen wissen, dass der Rücksitz zum Auto gehört, weil wir es gelernt haben. Aber das Programm muss erkennen, dass der Rücksitz zum Auto gehört.[199]

Das Erkennen von Beziehungen und von Kontext betrifft nicht nur Objekte in einzelnen Sätzen, Programme müssen auch lange Texte automatisiert auf das Wesentliche reduzieren und dabei die Wortbeziehungen innerhalb von Sätzen, aber auch die Beziehungen von Satzbestandteilen erkennen können.

Die natürliche Spracherkennung konzentriert sich im besten Fall nicht nur auf einzelne Wörter. Die große Herausforderung besteht darin, den Kontext und den Zusammenhang zu verstehen.

Beispiel: »Ich verstehe nur Bahnhof.« vs. »Ich gehe zum Bahnhof.«

Alle NLP-Methoden beachten Hierarchien, die die Zusammenhänge zwischen einzelnen Wörtern bestimmen. Wie bereits beschrieben, ist das oft schwierig, vor allem wenn Wörter doppelte Bedeutungen haben. Beispielsweise das Wort »verabschieden«: Man kann es dazu verwenden, einen Freund zu verabschieden oder auch ein Gesetz. Beide Nutzungen sind korrekt, bringen aber unterschiedliche Bedeutungen mit sich.

Natural Language Processing gilt daher als einer der kompliziertesten Bereiche der Informatik, denn Sprache ist oft doppeldeutig, und es erfordert ausführliches Wissen über den Kontext, sie zu verstehen.[200 201]

Das Verständnis von natürlicher Sprache

Da das Verständnis von natürlicher Sprache so komplex ist, müssen folgende Stadien durchlaufen werden[202]:

- **Spracherkennung**:

  Analyse der unbearbeiteten Sprachsignale.

  Bestimmung der gesprochenen Wörter und ihrer Abfolge.

- **Syntaktische Analyse**:

  Die Abfolge der Wörter wird mit Grammatikwissen analysiert.

  Die Satzstruktur wird bestimmt.

- **Semantische Analyse**:

  Bedeutungsdarstellung durch Strukturinformation und Wortbedeutung.

- **Pragmatische Analyse**:

  Kontextinformationen vervollständigen die Bedeutungsdarstellung aus der semantischen Analyse.

Sprachsignale sind in diesem Fall das Ergebnis einer Umwandlung: Man spricht etwas in ein Mikrofon, und aus dem analogen Signal wird ein Frequenzspektrum, im Anschluss kann man daraus die gesprochenen Wörter und ihre Abfolge bestimmen.

Strukturinformationen werden vor allem durch Satzstruktur und Grammatikregeln bestimmt. Sehr vereinfacht dargestellt, kann man sagen, dass das Ergebnis aus der syntaktischen Analyse einfließt, also ob es sich bei einem Wort beispielsweise um ein Substantiv oder ein Verb handelt. Die nachfolgende Grafik stellt die Stadien des natürlichsprachlichen Verständnisses mit Beispielen übersichtlich dar.

Bild 7.3: NLP-Verarbeitungsstufen des Sprachverstehens. (Quelle: *https://www.techfak.uni-bielefeld.de/ags/wbski/lehre/digiSA/SS05/STDKI/Vorlesung/STdKI2NLP4.pdf*)

Natural Language Understanding

Natural Language Understanding (NLU) ist eine Teildisziplin des NLP. Sie konzentriert sich auf die Lesefähigkeit einer Maschine sowie ihre Fähigkeit, die gelesenen Inhalte zu verstehen und sie von einer unstrukturierten Form in eine strukturierte Form zu bringen. Im Vergleich zu Menschen können Computer noch nicht gut mit unstrukturierter Sprache umgehen. Insbesondere vertauschte Wörter oder Synonyme, die Menschen sofort bemerken, können zu Missverständnissen führen. Ein Grundverständnis von NLP bzw. NLU hilft, Problemen vorzubeugen und Fallstricke besser nachzuvollziehen.

Natural Language Generation

Natural Language Generation (NLG) beschäftigt sich mit der Konvertierung von strukturierten Daten in natürliche Sprache. Dank eines Algorithmus lassen sich Texte auf der Basis von Daten generieren. Neben der Generierung von Antworten bei Chatbots wird NLG besonders häufig im Bereich des »Roboterjournalismus« eingesetzt. Dabei nutzt man Software, um Texte automatisch generieren zu lassen, deren Struktur sich selten ändert – etwa Wetterberichte, Börsentic[illegible]fache Sportmeldungen.[203]

Künstliche Intelligenz vs. Machine Learning vs. NLP

Künstliche Intelligenz (KI), auch artifizielle Intelligenz genannt, und *Machine Learning* (ML) werden häufig synonym verwendet, doch das ist falsch. Machine Learning ist ein Teilbereich der künstlichen Intelligenz und auf einer Ebene mit beispielsweise Robotik und Natural Language Processing anzusiedeln – etwa vergleichbar damit, wie die Geometrie ein Teilbereich der Mathematik ist. Machine Learning ermöglicht Computern, zu lernen, ohne dass eine explizite Programmierung nötig ist, also auf Basis von Daten selbstständig Lösungswege zu ermitteln. Je mehr Daten zur Verfügung stehen, umso größer die Chance, dass der Computer die Aufgaben erledigen kann.

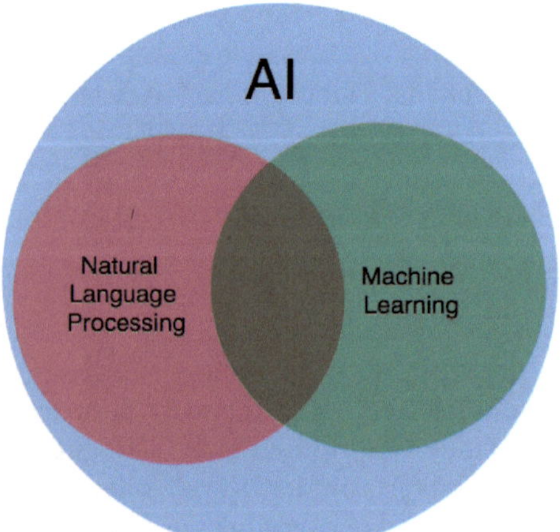

Bild 7.4: Artifizielle Intelligenz (AI) im Verhältnis zu NLP und ML.

Beispielsweise verwendete ein Forscherteam von Google zehn Millionen zufällige YouTube-Bilder, um Google zu trainieren, damit es eine Katze erkennen kann Als Test wurden der trainierten Software dann 20.000 verschiedene Gegenstände gezeigt mit dem Ergebnis: Alle Katzenbilder konnten korrekt identifiziert werden, und zwar selbstständig und ohne detaillierte Anleitung. Machine Learning ermöglicht es, große Datenmengen zu analysieren und daraus Maßnahmen abzuleiten.[204]

Modernes Natural Language Processing verwendet Algorithmen, die auf Machine Learning aufbauen. Computer erkennen damit eigenständig Probleme und können sie mithilfe von ausreichend Daten auch selbstständig lösen.[205] So »trainieren« manche Entwickler Software mit riesigen Textmengen aus Enzyklopädien oder Wörterbüchern.

Machine Learning vs. Deep Learning?

Wichtige Anwendungsgebiete der künstlichen Intelligenz sind beispielsweise die Bilderkennung und die Verarbeitung natürlicher Sprache.[206] Den Fortschritt in diesen Wissenschaften haben wir maßgeblich Deep Learning zu verdanken. Deep Learning ist ein Teilbereich des Machine Learning. Deep Learning verwendet als Basis neuronale Netzwerke. Die Daten werden auf eine ähnliche Art und Weise verarbeitet wie Neuronen in unserem Gehirn. Man benötigt sehr, sehr viele Daten, um das neuronale Netzwerk zu trainieren.[207] Die Daten werden durch das Training klassifiziert. Ein wesentliches Merkmal von Deep Learning ist, dass es mit einer Vielzahl von Layern von Neuronen arbeitet.

Bild 7.5: Videoempfehlung: der Unterschied zwischen ML und DL einfach erklärt. (Quelle: *https://www.youtube.com/watch?v=1G0e-mR9a4k*)

Nur mit gutem Natural Language Processing zum Erfolg?

Erinnern Sie sich an die Anfangszeiten der Suchmaschinen: Wir hatten oft Probleme, die Dinge zu finden, nach denen wir suchten, weil wir häufig ganze Sätze oder Fragen als Suchbegriffe verwendeten. Wir passen unsere Ausdrucksweise und die Form, in der wir kommunizieren, immer öfter an die Technologie an.

Wir fragen beispielsweise so unseren Kollegen, ob er gerne mit uns essen gehen will: »Wollen wir zum Mittagessen gehen?«, um folgende Formulierung in der Suchmaschine zu verwenden: »Bester Burrito München günstig« und dann in einem Messenger zu schreiben: »Bin essen, BRB.« (BRB = Be Right Back)[208]

Chatbots müssen heutzutage kein perfektes Natural Language Processing beherrschen, um Erfolg zu haben. Nearbot hat das NLP sogar, so weit es geht, wieder ausgebaut, weil es die User zu sehr verwirrt hatte. Trotzdem gelingt es, Tausende neue Nutzer pro Monat zu gewinnen. Die Nutzer mögen den Service, deshalb passen sie ihren Kommunikationsstil an die Nutzung an.

8 Können Chatbots denken?

In meinen Workshops und Vorträgen werde ich oft gefragt, wie intelligent Chatbots heutzutage wirklich sind. Meine Antwort: Es kommt darauf an!

8.1 Allgemeine künstliche Intelligenz

HAL 9000, einer der bekanntesten künstlichen Assistenten aus dem Science-Fiction-Film »2001: Odyssee im Weltraum« kann denken. Er hat eine allgemeine künstliche Intelligenz. Im Film kann ihn der Charakter alles fragen, und der künstliche Assistent hat auf alles eine Antwort. Siri und Alexa sind leider noch nicht so weit. Hier stoßen Nutzer schnell an die Grenzen der Intelligenz, da es sich bei ihnen um Anwendungen aus der »Narrow Artificial Intelligence« handelt. Worin unterscheiden sich General AI und Narrow AI?

Narrow Artificial Intelligence

Anwendungen mit einer *Narrow Artificial Intelligence* (Narrow AI) werden nur für eine Domäne konzipiert. Beispielsweise wurde eine Software speziell für das Spiel Schach entwickelt, die den Menschen ohne Probleme schlagen kann. Wenn man dem gleichen Programm beibringen möchte, wie man Kaffee kocht, wäre das schwierig bis unmöglich. Diesen Anwendungen fehlen also das Transferwissen und die Fähigkeit, etwas komplett Neues zu lernen.

Artificial General Intelligence

Im Gegensatz zur Narrow Artificial Intelligence sind Anwendungen mit einer *Artificial General Intelligence* (AGI) zunächst auf keine bestimmte Domäne festgelegt. Momentan sind Artificial-General-Intelligence-Lösungen gegenüber Narrow AIs im Nachteil, da sie ihre Wirksamkeit noch nicht unter Beweis stellen konnten.[209]

Können Chatbots lernen?

Manche Chatbots arbeiten mit einfachen Wenn-dann-Regeln und lernen nichts dazu. Andere lernen aus dem Verhalten der Anwender. Einer dieser Chatbots ist Novi. Man kann ihm als Nutzer beispielsweise mitteilen, ob ein Thema interessant ist oder nicht. Basierend darauf, was man antwortet, nimmt die Personalisierung der Kommunikation weiter zu.[210] Novi lernt den Nutzer anhand der Antworten besser kennen und kann so verstärkt auf dessen Bedürfnisse eingehen. Zusätzlich zum Kennenlernen des Users müssen Bots erst trainiert werden, um menschliche Gespräche besser zu verstehen.

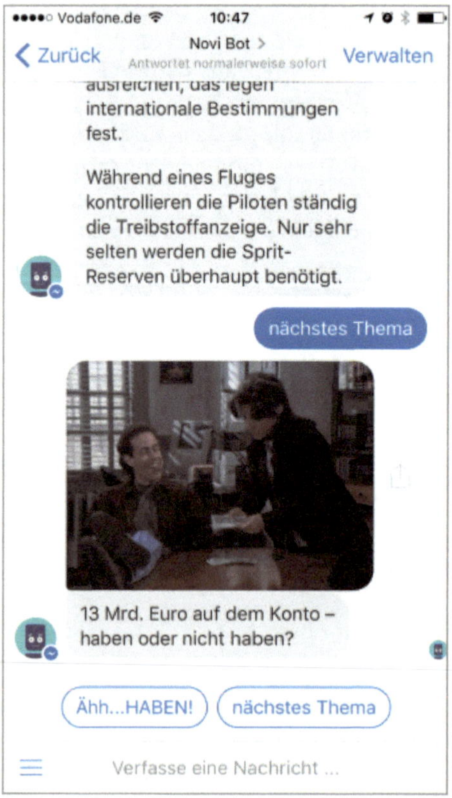

Bild 8.1: Novi lernt durch die Antworten der Nutzer. (Quelle: *https://www.computerwoche.de/g/chatbot-faq,116882,8*)

Für Bots ist es wichtig, auf sprachlicher Ebene zu lernen, etwa um den Zusammenhang menschlicher Gespräche besser zu verstehen. Das geschieht im Hintergrund.

Viele Bots, z. B. für Hotlines, werden zunächst mit konkreten Supportanfragen und in der Vergangenheit üblichen Antworten trainiert.[211]

Beispiel: Ein Nutzer möchte einen Chatbot zum Essen einladen. Der Chatbot versteht ihn erst nicht. Als Chatbot-Betreiber könnte man diesen Fall zukünftig abfangen, indem Besucher, die den Chatbot zukünftig zum Essen einladen, eine vorgefertigte Antwort bekommen wie: »Danke, das ist total nett, aber leider habe ich gerade keinen Hunger.«

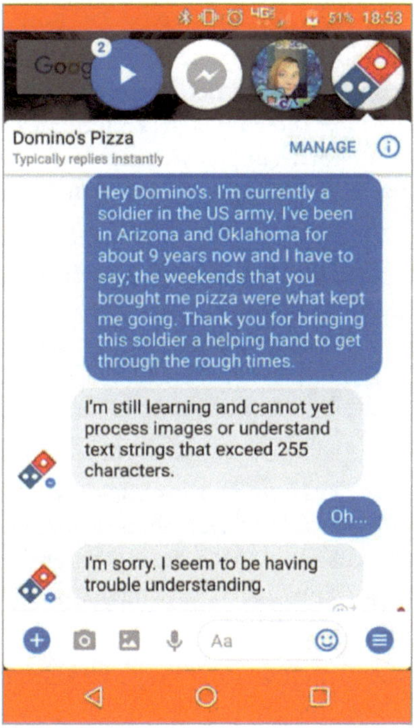

Bild 8.2: Wenn Chatbots noch lernen: *www.whatthebot.ai* sammelt lustige und kuriose Chatbot-Konversationen. (Quelle: Twitter)

Microsofts Twitter-Bot Tay

Es ist nicht immer die beste Idee, dass Chatbots alles automatisch von ihren Nutzern lernen. Dass das schiefgehen kann, demonstrierte Microsoft mit seinem Chatbot namens Tay. Der für Twitter entwickelte Chatbot sollte lernen, wie 18- bis 24-Jährige kommunizieren. In weniger als 24 Stunden wurde aus Tay ein beleidigender Rassist und musste von Microsoft wieder offline genommen werden.

Tay sollte mithilfe von Fragen und Antworten trainiert werden, wie Menschen kommunizieren. Per Befehl »sprich mir nach« konnte man Tay dazu bringen, Nachrichten zu wiederholen. Manche Twitter-Nutzer nutzten diese Chance, um Tay beizubringen, den Holocaust zu leugnen oder Hitler-Vergleiche zu ziehen.[212] [213] [214]

Sind Computer intelligent?

Der Autor Nick Bostrom schreibt in seinem Buch »Superintelligenz«: »Mit Maschinen, die dem Menschen an allgemeiner Intelligenz gleichkommen – die also über gesunden Menschenverstand ebenso verfügen wie über die Fähigkeit, zu lernen, zu schlussfolgern und zu planen, um komplexe Herausforderungen in einer Vielzahl von natürlichen und abstrakten Bereichen zu meistern –, wurde seit der Erfindung des Computers in den 1940er-Jahren gerechnet. «[215]

Sind Computer mittlerweile intelligent? Diese Frage lässt sich bisher nicht einfach mit Ja oder Nein beantworten. Intelligenz bringt Prozesse mit sich. Die Informatik bzw. die Wissenschaft der künstlichen Intelligenz hat es geschafft, manche dieser Prozesse durch Computer auszuführen, manche stehen aber noch aus. Nach dem Zweiten Weltkrieg begannen Wissenschaftler, an intelligenten Maschinen zu arbeiten.

Alan Turing gab als einer der ersten Personen im Jahr 1947 eine Vorlesung hierzu. Er war auch einer der Ersten, die die künstliche Intelligenz auf Softwareebene erforschten, statt sich auf die Hardware der Computer zu fokussieren. Alan Turing, einer der Begründer der theoretischen Informatik sowie der künstlichen Intelligenz, stellte sich bereits 1950 die Frage: Können Computer denken?

Bevor wir uns Alan Turings Gedanken nähern, versuchen wir, die Frage zu klären, was Intelligenz ausmacht.

8.2 Künstliche Intelligenz?

Künstliche Intelligenz (KI) oder *Artificial Intelligence* (AI) wird oft im Zusammenhang mit Chatbots erwähnt. Was steckt dahinter? Ein Stück Software, das ein menschliches Gehirn nachahmt bzw. die Gedankengänge einer Person und deren Ergebnisse? Und was ist Intelligenz? Was macht sie aus? Ist jeder einzelne Schritt berechenbar? Ist Intelligenz eine Kalkulation? Impliziert Intelligenz, dass man mit der Zeit besser wird? Dass man komplexe Probleme lösen kann? Oder dass man in neuen Situationen zurechtkommt? Eine einzge Definition für Intelligenz gibt es nicht.

Nachfolgend Auszüge aus einer elf Seiten langen Liste von Definitionsversuchen (vom Autor ins Deutsche übersetzt):

- Die Fähigkeit, sich angemessen an relativ neue Lebenssituationen anzupassen.[216]
- Intelligenz, die als mentales Merkmal betrachtet wird, ist die Fähigkeit, Impulse zu erzeugen, die sich auf die frühe, unfertige Phase der Information konzentrieren. Intelligenz ist daher die Fähigkeit zur Abstraktion, die ein hemmender Prozess ist.[217]
- Von intelligenten Systemen wird erwartet, dass sie in vielen verschiedenen Umgebungen funktionieren und gut funktionieren. Ihre Eigenschaft der Intelligenz erlaubt es ihnen, die Wahrscheinlichkeit von Erfolg zu maximieren, auch wenn keine vollständige Kenntnis der Situation vorhanden ist. Die Funktionsweise von intelligenten Systemen kannn nicht getrennt von der Umwelt und dem konkreten Kontext der Situation einschließlich dem Ziel betrachtet werden.[218]
- Es scheint, dass es in der Intelligenz eine grundlegende Fähigkeit gibt, deren Veränderung oder deren Fehlen für das praktische Leben von größter Bedeutung ist. Diese Fähigkeit ist ein Urteil, auch bekannt als Vernunft, praktischer Sinn, Initiative, die Fähigkeit, sich selbst an Umstände anzupassen.[219]
- Die Fähigkeit zum Lernen, Denken, Verstehen und ähnlichen Formen geistiger Aktivität; Die Fähigkeit, Wahrheiten, Beziehungen, Fakten, Bedeutungen usw. zu erfassen.[220]

Künstliche Intelligenz ist eine Teildisziplin der Informatik. Sie beschäftigt sich damit, intelligente Maschinen zu schaffen, vor allem durch das Herstellen von Software. Dabei versucht künstliche Intelligenz nicht immer, menschliche Intelligenz zu simulieren. Probleme oder Herausforderungen können schließlich mit viel mehr Rechenleistung, als dem menschlichen Gehirn zur Verfügung steht, gelöst werden.

Beispiel: Ein Kind mit einem hohen Intelligenzquotienten (IQ) kann sich eine sehr lange Zahlenfolge merken und sie sofort wiedergeben. Der Test zeigt, wie viele Zahlen das Kind gleichzeitig verarbeiten kann. Diese Aufgabe stellt für einen Computer keine Herausforderung dar. Dennoch siegen bei vielen Herausforderungen weiterhin Menschen:

- User: Siri, call me an ambulance.
- Siri: Okay, from now on I'll call you an ambulance.[221]

Auch Computer stoßen an die Grenzen ihrere Leistungsfähigkeit. Ein Beweis dafür, dass wir noch lange nicht verstanden haben, welche Prozesse Intelligenz beinhaltet.

8.3 Der Turing-Test

Alan Turing entwickelte einen Test, der intelligente Maschinen identifizieren sollte. In seinem Artikel »Computing Machinery and Intelligence« aus dem Jahr 1950 diskutierte er, welche Voraussetzungen eine Maschine erfüllen müsste, um sie als intelligent zu bezeichnen. Bei seinem Test orientierte sich der Mathematiker an dem »Imitationsspiel«.

Dieses Partyspiel erfordert drei Personen: (A) eine Frau, (B) einen Mann und (C) einen Menschen, der die Rolle des Vernehmers übernimmt. Die Personen A und B sieht der Vernehmer nicht. Die Kommunikation findet ausschließlich über handgeschriebene Notizen statt. Um das Spiel zu gewinnen, muss der Vernehmer die Geschlechter der zwei Personen A und B erraten, indem er ihnen Fragen stellt.

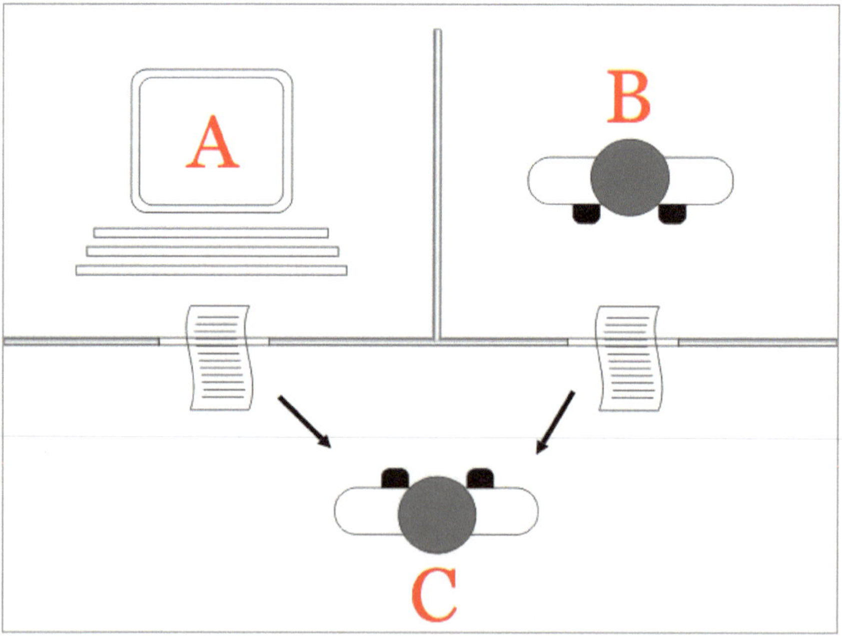

Bild 8.3: Der Vernehmer (C) befragt A und B, um deren jeweiliges Geschlecht zu ermitteln. (Quelle: Juan Alberto Sánchez Margallo, *bit.ly/2CzRkfN*)

Im Turing-Test tauscht Person A ihren Platz mit einem Computer. Der Vernehmer muss dann anhand eines textbasierten Chats herausfinden, welcher Spieler der Mensch und welcher Spieler der Computer ist. Erkennungsmöglichkeiten über die Stimme oder das Aussehen eines Menschen wurden so ausgeschlossen. Wenn sich der Computerspieler als Mensch behaupten kann, gilt die Maschine als intelligent – so Turing.

Bis zum heutigen Tag wurde der Turing-Test noch nicht geknackt. Der Mensch konnte den Computer immer als solchen identifizieren.

Der Chatbot Eugene Goostman nahm an einem Royal-Society-Event in London teil, das zum 60. Todestag von Alan Turing veranstaltet wurde. Es hieß, der Chatbot hätte dort den Turing-Test bestanden. Diese Schlussfolgerung wurde, unter anderem aufgrund des Versuchsaufbaus, kontrovers diskutiert, zumal er nicht 100 Prozent, sondern »nur« 33 Prozent seiner Chat-Partner davon überzeugen konnte, ein Mensch zu sein.[222]

Im Laufe der Zeit wurden neben dem Turing-Test weitere Wettbewerbe veranstaltet, um die intelligente Wissensverarbeitung und Entscheidungsfindung bei Maschinen festzustellen.

Methoden des Commonsense Reasoning

Methoden und Techniken des Commonsense Reasoning (der intelligenten Wissensverarbeitung) sind wichtig, damit Agenten in realen Situationen flexibel und zeitnah gute, zielführende Entscheidungen treffen können.[223] Betrachten wir hierzu folgenden Satz:

Der Pokal passte nicht in den braunen Koffer, weil er zu groß war.

Was ist zu groß? Der Koffer oder der Pokal? Natürlich der Pokal. Aber für eine künstliche Intelligenz ist diese Entscheidung leider nicht so einfach. Hierzu wurde beispielsweise die Winograd Schema Challenge ins Leben gerufen.

Winograd Schema Challenge

Die Winograd Schema Challenge gilt seit 2013 als Alternative zum Turing-Test. Kritiker dieses Tests behaupten, beim Turing-Test ginge es lediglich darum, dass Menschen die Täuschung erkennen müssten. Da der Test aber nur schwer die Intelligenz einer Maschine prüfen kann, gilt er als unangemessen. Bei der Winograd Schema

Challenge muss die künstliche Intelligenz die korrekte Bedeutung von mehrdeutigen Sätzen identifizieren. Im Jahr 2016 waren die Teilnehmer mit ihrer Software mit einer Quote von 48 Prozent etwas besser als der reine Zufall (45 Prozent). Um das Preisgeld von 25.000 US-Dollar abzuräumen, muss die Software eine Richtigkeitsquote von mindestens 90 Prozent erzielen.

8.4 AI-Meilenstein AlphaGo

Als einer der großen Meilensteine im Bereich der Entwicklung von künstlicher Intelligenz gilt der Sieg von AlphaGo über den menschlichen Meister im Brettspiel Go. Das Spiel Go galt bisher als viel zu komplex für Computer.[224]

Bild 8.4: Mensch vs. Maschine. (Quelle: *https://www.youtube.com/watch?v=mzpW10DPHeQ*)

Der Computer trainiert sich selbst

Software lernt am effektivsten mit vielen Daten. AlphaGo startete mit 30 Millionen Spielzügen. Das ermöglichte das richtige Vorhersagen von 57 Prozent der menschlichen Züge. Damit aber nicht genug. Nach den 30 Millionen Spielzügen, mit denen das Programm initial gestartet war, begann es, gegen sich selbst zu spielen, um noch besser zu werden. Theoretisch gibt es genug Möglichkeiten, verschiedene Kombinationen zu testen, denn die möglichen Spielkombinationen übersteigen die Anzahl der Atome im Universum.[225]

Noch am Anfang künstlicher Intelligenz

Google mit AlphaGo, Apple mit Siri, IBM mit Watson, Microsoft mit Cortana und viele andere arbeiten derzeit an Anwendungen, von denen manche sagen, dass sie sich in Richtung der allgemeinen künstlichen Intelligenz bewegten.[226] Wir befinden uns noch am Anfang der Entwicklung der allgemeinen künstlichen Intelligenz. Selbst Facebook mit seiner riesigen Datenmenge hat erst kürzlich den eigenen virtuellen Assistenten »M« wieder außer Betrieb gesetzt. 30 Prozent der Anfragen wurden vollautomatisch von der künstlichen Intelligenz übernommen, 70 Prozent immer noch von Mitarbeitern.[227]

9 AI as a Service

Analog zu *Software-as-a-Service* (SaaS), bei dem Software über Cloud Computing angeboten wird und Benutzer sie nicht extra auf dem eigenen Computer installieren müssen, gibt es immer mehr Angebote, die auch im Bereich der künstlichen Intelligenz Softwarelösungen und Werkzeuge anbieten. Obwohl manche Bot-Entwickler behaupten, dass die AI-as-a-Service-Angebote noch in den Kinderschuhen steckten und man damit nur Prototypen umsetzen könne,[228] nehmen diese Unternehmen bereits einen riesen Brocken Arbeit ab.

9.1 KI-Werkzeuge und Software

Mit den nachfolgenden Plattformen können Entwickler ihre Anwendungen (Chatbots) um mächtige NLP-Funktionen erweitern, ohne selbst das (AI-)Rad neu erfinden zu müssen:

- **Dialogflow** – Dialogflow hieß früher api.ai, als Start-up wurde es von Google im September 2016 aufgekauft.[229] Es unterstützt die Integration in folgende Plattformen: Google Assistant, Facebook Messenger, Slack, Web, Kik, LINE, Skype, Cisco Spark, Telegram, Cisco Tropo, Twilio, Twitter und Viber.[230]

  Unter anderem nutzt das Unternehmen KLM Royal Dutch Airlines Dialogflow für ihre Chatbots.

  Darüber hinaus unterstützt Dialogflow folgende SDKs: Android, iOS/Watch macOS, Ruby, Webkit HTML5, JavaScript, Node.js, Cordova, Unity, .NET (WP8, W10), C++, Xamarin, Python und PHP (Community-supported).[231]

  Dialogflow wird aktuell in zwei Preisvarianten angeboten. Weitere Informationen finden Sie unter dem Link *https://dialogflow.com/pricing/*.

- **Pro Agent** – Hier sind 15.000 Sprachinteraktionen pro Monat kostenfrei. Danach kostet jeder Request 0,002 US-Dollar. Bei einem Voice-Request fallen 0,0065 US-Dollar an.

Während in der Standardversion die Textinteraktionen pro Agent unbegrenzt und maximal 15.000 Sprachinteraktionen pro Monat kostenfrei sind, baut Google bei

Dialogflow Enterprise Edition auf ein Pay-as-you-go-Modell. Bei Text fallen 0,002 US-Dollar pro Request an, für Sprache sind es 0,0065 US-Dollar.[232]

Eine ausführliche Beschreibung der Enterprise Edition finden Sie unter dem Link *https://cloudplatform.googleblog.com/2017/11/introducing-Dialogflow-Enterprise-Edition-a-new-way-to-build-voice-and-text-conversational-apps.html.*

- **Wit.ai** – Die NLP-Plattform wurde bereits 18 Monate nach ihrer Gründung von Facebook aufgekauft. Momentan wird sie von 120.000 Entwicklern genutzt.[233] Wit.ai arbeitet nach dem *Free-Open-Source-Software-*(FOSS-)Ansatz. Alle Komponenten sind kostenlos nutzbar und große Teile des Codes auf GitHub verfügbar. Das Angebot von Wit.ai ähnelt dem von api.ai.[234]

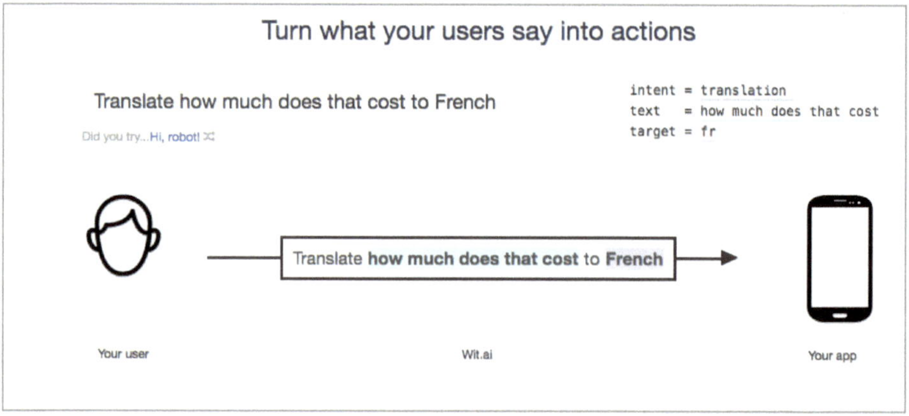

Bild 9.1: Setzen Sie das, was Ihre Benutzer sagen, in die Tat um. (Quelle: Wit.ai)

Im Juli 2017 integrierte Facebook einen eigenen NLP-Service in seine Messenger-Plattform.

Durch NLP (*Natural Language Processing*) können Sie wichtige Informationen (sogenannte Einheiten) der gesendeten Nachrichten verstehen und extrahieren. Anhand dieser Einheiten können Sie den Zweck der Nachricht erkennen, einige Ihrer Antworten automatisieren, die Unterhaltung über Live-Chat an eine Person weiterleiten und Zielgruppendaten sammeln. Wenn Sie derzeit eine NLP-API nutzen, müssen Sie bei Erhalt der Nutzernachricht einen zusätzlichen Abruf durchführen, was Latenz und Komplexität (z. B. Async, Fehlerbehebung etc.) hinzufügt. Mit integriertem NLP werden Informationen in allen gesendeten Textnachrichten automatisch erkannt.[235]

- **LUIS** – Mithilfe von LUIS lässt sich beispielsweise herausfinden, was ein Nutzer wirklich sucht und ob zusätzliche Informationen benötigt werden. Vor allem versucht LUIS, Absichten zu verstehen und fehlende Informationen im Dialog mit dem Anwender zu ermitteln.[236]
- Qualität und Umfang sind vergleichbar mit den Produkten von Google und IBM. So schreibt t3n: »Mit ‚Language Understanding Intelligence Service‘ (LUIS) bietet Microsoft einen Dienst für Conversational AI an, der den Ansätzen von Watson Conversation, api.ai und Amazon Lex ähnelt. Mit diesem Service können in einem grafischen User-Interface (GUI) Konversationen für die Interaktion mit Usern über Chatbots oder Sprachsteuerung erstellt werden.«[237]

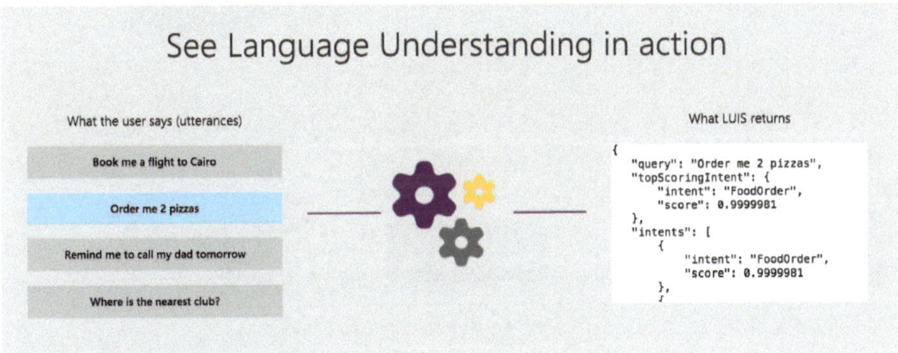

Bild 9.2: LUIS in Aktion. (Quelle: LUIS)

- **Rasa.ai** – Ähnlich wie Wit.ai stellt das Berliner Start-up seinen Code als kostenfreie Open-Source-Lösung zur Verfügung. Der Unterschied ist, dass man bei Rasa die Software dann vollständig in der eigenen Infrastruktur betreiben kann. Sensible Daten bleiben vollständig im Unternehmensnetzwerk. Ein weiterer Vorteil für den deutschen Markt ist die Einbindung eines weitreichenden deutschen Sprachmodells, das die deutsche Sprache besonders gut unterstützen soll.[238]

25 NLPs im Überblick

Einen detaillierten Überblick über 25 verschiedene NLP-Plattformen gibt die Tabelle in folgendem Artikel: *https://chatbotsjournal.com/25-chatbot-platforms-a-comparative-table-aeefc932eaff*

NLP innerhalb der Chatbot-Architektur

Ein Chatbot, der eigenständig Texte verstehen und interpretieren soll, benötigt eine NLP- bzw. NLU-Komponente. Versteht ein Chatbot eine Eingabe nicht, führt das zu Frust, und der User macht eine schlechte Erfahrung. Die Arbeit, die man bis dahin in die Businesslogik investiert hat, ist dann verloren, da sie dem Nutzer bei einem Missverständnis nicht präsentiert wird. NLU-Systeme interpretieren einen Satz und stellen die Verbindung zu einem Intent (einer Nutzerabsicht) her.

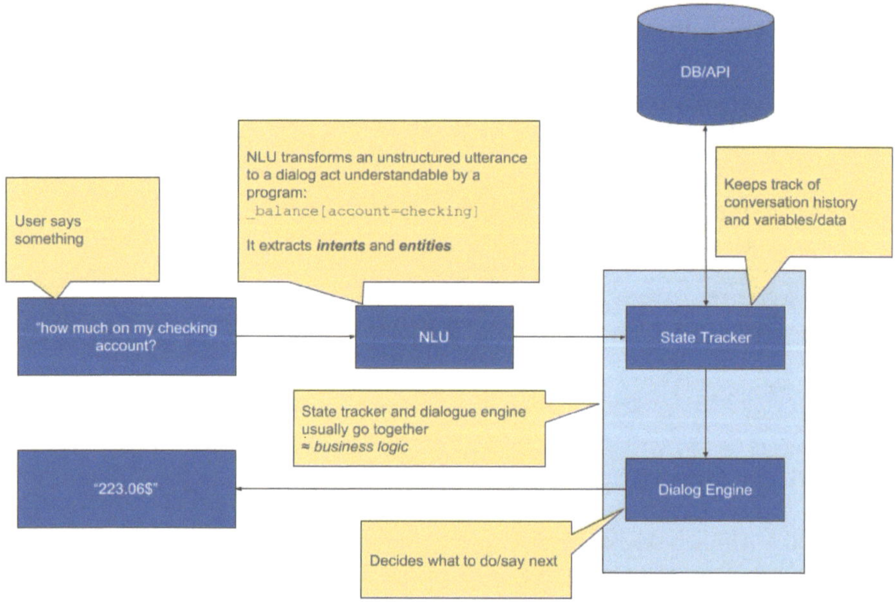

Bild 9.3: NLU-Komponente im Kontext der Chatbot-Architektur. (Quelle: *mrbot.ai/blog/natural-language-processing/understanding-intent-classification/*)

9.2 Utterances, Intents und Entities

Wenn man ein NLP-System mit einem Chatbot nutzt, kommt man an den folgenden drei Begriffen nicht vorbei: Utterances, Intents und Entities.

- **Utterances** – Bei Utterances handelt es sich um die gesamte Nutzereingabe, die ein Chatbot erhält. Wenn ein Nutzer beispielsweise schreibt: »Ich suche eine Wohnung in München.«, wäre der ganze Satz die Utterance.
- **Intent** – Ein Intent beschreibt die Intention des Nutzers. Was möchte er mit seiner Eingabe erreichen? Bei dem Satz: »Ich suche eine Wohnung in München.«, ist die Intention recht offensichtlich: Er sucht ein neues Zuhause.
- **Entity** – Bei einer Entity wird eine Nutzerabsicht (Intent) ergänzt oder verändert. Bei unserem Beispiel »Ich suche eine Wohnung in München.« ist das Wort München die Entity, die sich auf die spezielle Stadt bezieht, in der der Nutzer eine Wohnung sucht.

Den gleichen Intent kann man auf verschiedene Arten ausdrücken, also repräsentiert ein Intent auch eine Sammlung von Äußerungen mit der gleichen Bedeutung. Betrachten wir die folgenden zwei Sätze:

- Ich möchte gern für zwei Personen beim Mexikaner reservieren.
- Ich möchte mir gern einen Tisch in einer Taqueria reservieren.

Beide Sätze signalisieren die gleiche Intention – auch wenn nicht jedes mexikanische Restaurant Tacos anbietet. Wie kann also ein Programm erkennen, dass sie das Gleiche bedeuten? Eine Mustererkennung auf Worteebene funktioniert leider nicht. Taco und Mexikaner, zwei Personen und ein Tisch – Wörter, die im gleichen Kontext erscheinen, teilen sich die semantische Bedeutung.

Hier einige Beispiele:

- Es regnet auf der Bank, auf der wir immer saßen.
- Du kannst dich entweder auf den Stuhl oder auf die Bank setzen.
- Pauline sitzt auf einem Stuhl.
- Bitte setz dich auf den Stuhl.
- Das ist der Stuhl, auf dem immer dein Großvater saß.

Genauso kann man das ganze Internet durchlesen, nach weiteren Ähnlichkeiten suchen und feststellen, dass »Lehrer« etwas Ähnliches ist wie »Professor«.

Ein weiteres Beispiel: Ein Apfel ist einer Orange ähnlicher als einem Hamburger. Warum? Weil ein Apfel und eine Orange beide Obst sind. Daher sind sie sich in dieser semantischen Beziehung näher. Ein Hamburger gilt als Fastfood und nicht als Obst. Aber ein Hamburger zählt auch zu den Lebensmitteln. Daher ist dies eine etwas weiter entfernte Beziehung.

Diese Beziehungen können dank Wortvektoren mit Zahlen quantifiziert und vom Computer ausgewertet werden. Natural Language Understanding basiert auf Machine Learning. Machine Learning wird durch Statistik gesteuert, Statistik durch Zahlen.

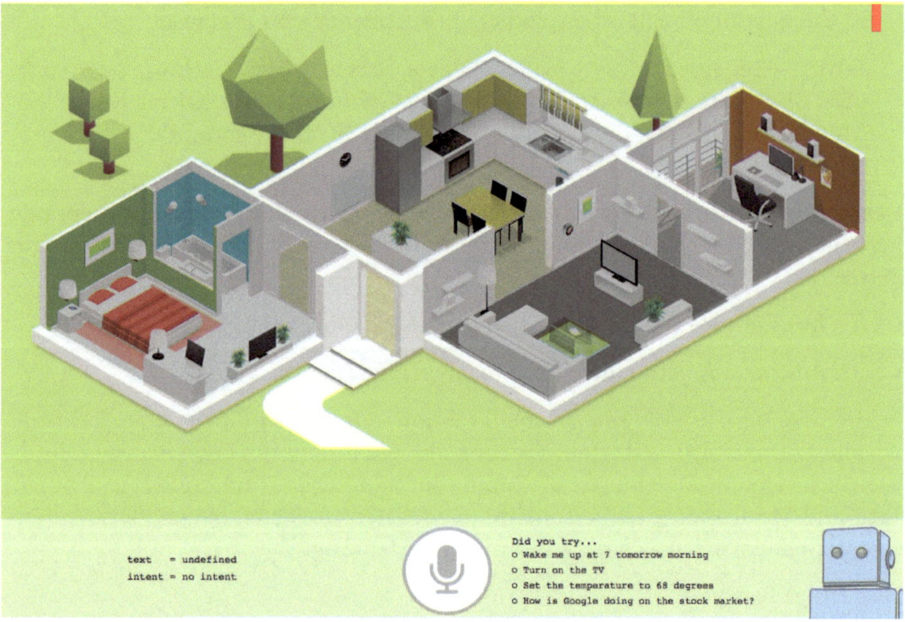

Bild 9.4: Intents verstehen in witt Demo. (Quelle: *https://labs.wit.ai/demo/index.html*)

Algorithmen wie Word2Vec oder Glove kann man nutzen, um ein Modell mithilfe einer riesigen Textmenge (z. B. Wikipedia) zu trainieren. Training bedeutet in diesem Fall, dass die Software die Semantik der Wörter durch ihren Kontext erahnt. Das Ergebnis sind Wortvektoren.

Vektoren stehen in einem Raum. Die Entfernung zwischen den Vektoren repräsentiert die Ähnlichkeit der Wörter. Zum Beispiel stehen sich die Vektoren von »Apfel« und »Orange« näher als dem Vektor des Worts »Hamburger«. Die Vektoren lassen sich auf unterschiedliche semantische Beziehungen anwenden. Beispielsweise wären auch folgende Kombinationen möglich: männlich – weiblich, Land – Stadt oder die Zeitformen von Verben.[239]

Wie die Darstellung von semantischen Beziehungen von Wörtern mit dem Word-2Vec-Algorithmus aussehen kann, demonstriert folgende Grafik. Sie wurde mit dem Open-Source-Machine-Learning-Framework tensorflow von Google umgesetzt.

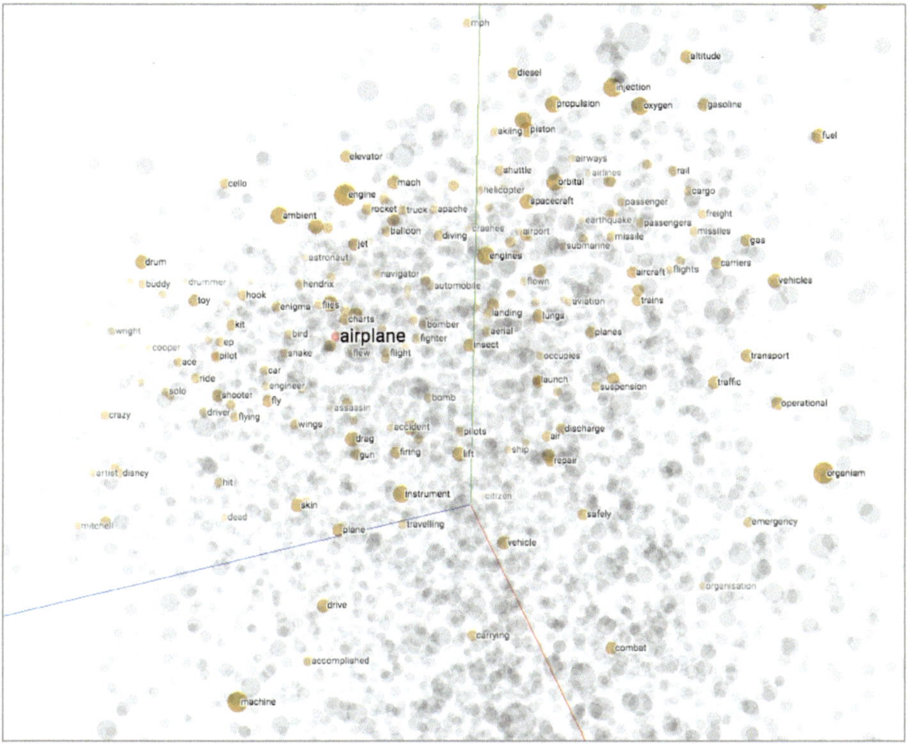

Bild 9.5: Darstellung semantischer Beziehungen zwischen Wörtern mit dem Word2Vec-Algorithmus. (Quelle: *projector.tensorflow.org/*)

9.3 Ein Modell mit mehr Daten trainieren

NLU-Systeme werden durch mehr Training und weitere Daten genauer. Nicht nur Wörter können durch den Algorithmus Word2Vec in ihrer Bedeutung eingeordnet werden, auch Sätze lassen sich mit diesem Ansatz in Bedeutungen einordnen.

In der folgenden Grafik repräsentiert jeder Punkt einen Satz. Die Position des Punkts im Koordinatensystem ergibt sich aus dem Wert des Satzvektors (Mittelwert aller Wortvektoren eines Satzes). Blaue Kreuze stehen für den Intent *check_balance*, rote Kreise stehen für den Intent *transfer*. Wenn das NLU-System mehr Daten auf dieser Form registriert hat, ist es effektiver.

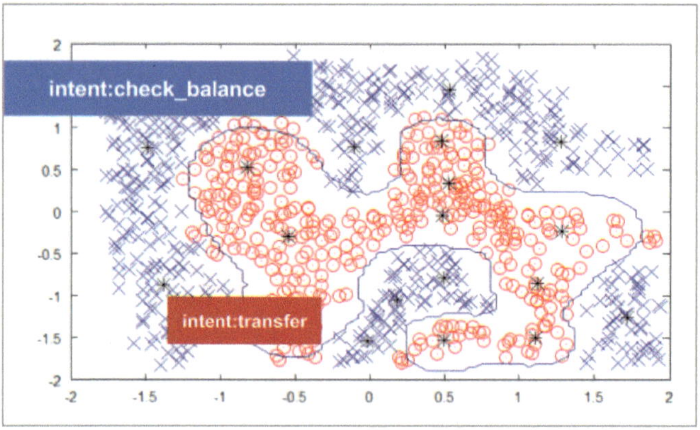

Bild 9.6: Jeder Punkt repräsentiert einen Satz. (Quelle: *mrbot.ai/blog/natural-language-processing/understanding-intent-classification/*)

Fallstricke sind Negationen wie »Ich bin hungrig« vs. »Ich bin nicht hungrig«. Nur das Wort »nicht« verändert den Durchschnittswert eines Vektors nicht drastisch, sodass ein NLU-System, das nur auf Wortvektoren basiert, das nicht so gut abfangen kann.

Wörter aus einem Nicht-Mainstream-Kontext
NLU-Systeme werden oft mit Wikipedia oder sonstigen Mainstream-Quellen trainiert. Fachbegriffe oder andere besondere Wörter werden dann häufig fehlinterpretiert. Das betrifft auch Abkürzungen sowie Emojis.

9.4 Chatbots und Sentiment-Analysis

Verstehen Chatbots auch Emotionen? Wie steht es um Empathie?

»Conversation is like a dance, you can tell whether people are in sync, and it turns out this is a much better measure than language.«, sagt Josh Feast, Geschäftsführer der Firma Cogito.[240]

Das Unternehmen Cogito entwickelt eine Software, die Kundenservicemitarbeitern in Echtzeit mit Tipps versorgt, langsamer zu sprechen oder seltener zu unterbrechen. Hinzu kommt die laufende Analyse der Stimmung des Kunden. Ist er enttäuscht oder gar wütend? Die Software erkennt das und gibt den Mitarbeitern Tipps zur Verbesserung ihrer Reaktionen.

An einer ähnlichen Lösung arbeiten auch die ehemaligen Entwickler von Siri. Wenn ein Nutzer etwas nicht ganz verstanden hat, soll die Software das erkennen können und verständnisvoller mit ihm umgehen.[241]

Auch in Deutschland gibt es erste Ansätze, Emotionen durch künstliche Intelligenz erkennen zu lassen. Das *Deutsche Forschungszentrum für Künstliche Intelligenz* (DFKI) entwickelt eine interaktive 3-D-Umgebung für das Training von Bewerbungsgesprächen, die die Emotionen des Bewerbers erkennt. Das EmpaT-Projekt soll es ermöglichen, die sozialen und emotionalen Fähigkeiten des Testers im interaktiven Dialog mit dem virtuellen Avatar auszuprobieren, einzuschätzen und zu verbessern.[242]

10 Gesprächsdesign und Strategien

Die Schwierigkeit, einen erfolgreichen Chatbot umzusetzen, liegt nicht primär in der Technik. Die erfolgreichsten Chatbots bieten ihren Nutzern einen echten Mehrwert.[243]

10.1 Vor einem Projekt zu stellende Fragen

Bevor man ein Chatbot-Projekt startet, sollte man sich die folgenden Fragen stellen:

- Welches Problem wird gelöst, und welchen Mehrwert bietet man dem Nutzer?
- Wie sieht das Gesprächsdesign aus? Wie nutzen Menschen also den Chatbot? Freitexteingabe? Vorgefertigte Antworten als Buttons? Oder Spracheingabe?

  Wenn man ein Gespräch entwirft, kommt es nicht wie im Modell auf Farben oder Abstände an. Pausen oder richtige Wortwahl und Persönlichkeit sind gefragt, um die beste Nutzererfahrung zu erreichen.
- Welche Plattformen nutzt die Zielgruppe hauptsächlich? Wie komplex ist die Plattform? Existiert bereits Know-how im Unternehmen, um die Plattform zu nutzen und eine Lösung dafür zu implementieren?

Erst wenn man diese Fragen ausführlich beantwortet hat, ist eine Umsetzung sinnvoll. In diesem Kapitel gebe ich ein paar Tipps für eine Chatbot-Strategie.

10.2 Der Onboarding-Prozess

Der wichtigste Faktor, der über Erfolg oder Misserfolg eines Chatbots entscheidet, ist der Onboarding-Prozess. Wenn der Nutzer bereits bei der Begrüßung enttäuscht ist, wird er den Chatbot mit einer sehr hohen Wahrscheinlichkeit nie wieder nutzen. Nutzer können aus folgenden Gründen beim Onboarding enttäuscht oder verschreckt werden: falsche oder langweilige Inhalte, zu viele Fragen/Reibungsverluste, Respektlosigkeit gegenüber dem Nutzer etc.

Ein großartiger Onboarding-Prozess begeistert den Nutzer und bewegt ihn dazu, seinen Freunden und Kollegen von dem Chatbot zu erzählen.[244] Es wird daher empfohlen, dem Nutzer die Möglichkeiten des Chatbots aufzuzeigen, damit der Nutzer weiß, was er den Bot fragen kann und was nicht.[245]

Chatbots mit gutem Onboarding
Zwei Beispiele für ein gutes Onboarding sind Woebot oder Poncho – beide für den Facebook Messenger.

Persönliche Ansprache bringt Sympathiepunkte

Schon wenn der Chatbot den Nutzer mit seinem eigenen Namen anspricht, gewinnt er viele Sympathiepunkte. Das setzt natürlich voraus, dass es sich um einen Chatbot handelt, der auf der Plattform betrieben wird, auf der sich der Nutzer bereits registriert hat, beispielsweise Facebook Messenger.

Mythen rund um das Gesprächsdesign

Bezüglich des Gesprächsdesigns eines Chatbots gibt es einige falsche Annahmen, die nachfolgend erläutert werden:

- **Mythos Nummer 1: Chatbots sollten immer mit Freitext bedient werden.**

  Warum sollte man Bots nutzen? Was macht sie besonders? Diese Fragen sind momentan Anlass für viele Experimente in der Chatbot-Community[246]. Beispielsweise ist der einfache Fall, eine Pizza über einen Bot zu bestellen, in Wirklichkeit gar nicht so einfach, wie das folgende Beispiel zeigt.

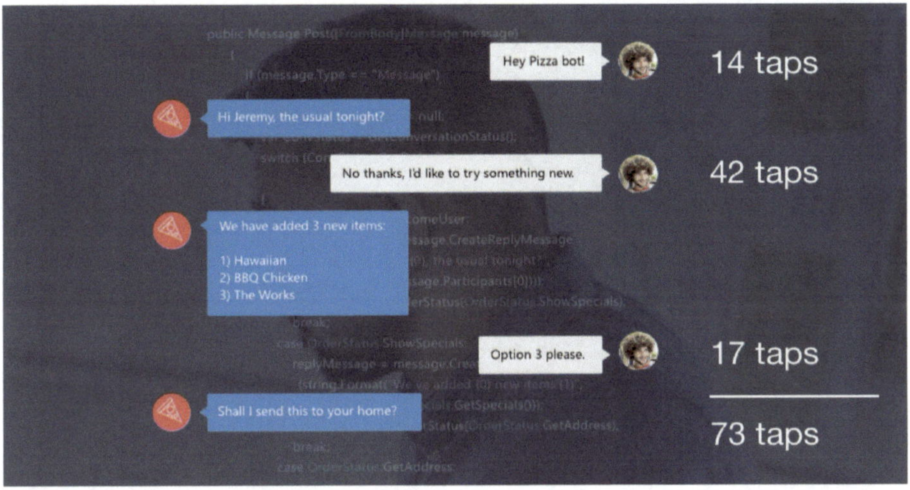

Bild 10.1: 73 Mal tippen, nur um eine Pizza zu bestellen? (Quelle: *http://dangrover.com/blog/2016/04/20/bots-wont-replace-apps.html*)

In dem Bildbeispiel einer Konversation mit dem Pizza-Chatbot benötigen wir unzählige Aktionen, um die Buchstaben einzugeben, insgesamt 73. Verschwendete Liebesmüh? Wenn man die Anzahl der Aktionen mit der Variante von WeChat vergleicht, dann ein klares Ja! Denn dort benötigt man zum Bestellen einer Pizza nur 16 Aktionen, davon sechs Aktionen zur Eingabe der PIN.

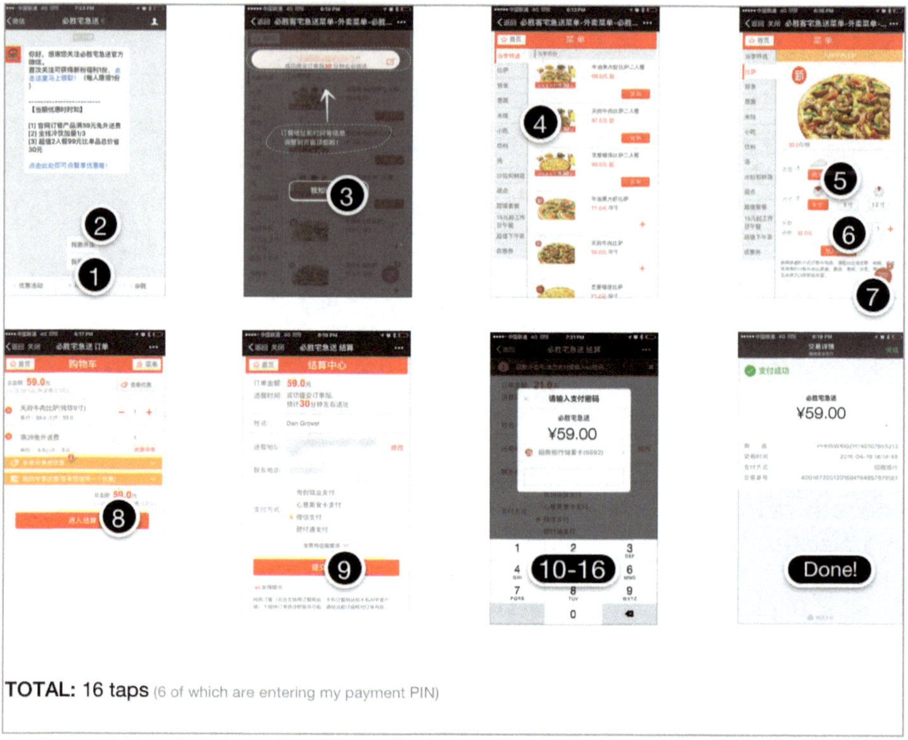

Bild 10.2: Pizza-Hut via WeChat nutzen und mit 16 Mal tippen eine Pizza bestellen. (Quelle: *http://dangrover.com/blog/2016/04/20/bots-wont-replace-apps.html*)

Fazit: Einen Chatbot ausschließlich per Freitexteingabe zu nutzen erbringt nicht immer die beste Nutzererfahrung. Es kommt auf die Anzahl der Aktionen an. Je weniger, desto besser.

- **Mythos Nummer 2: Je mehr NLP-Features im Chatbot, umso besser!**

  Natürlich wäre es möglich, dass ein Computer die Befehle aus Freitexten versteht. Nutzer wären theoretisch in der Lage, beispielsweise eine Bestellung zu stornieren, indem sie eine Nachricht an einen Bot senden wie: »Bitte storniere die Bestellung und gib mir lieber die grüne Tasche statt der grauen.«

  Der Nutzer würde damit Zeit sparen, allerdings ist es heutzutage noch recht unwahrscheinlich, dass ein Chatbot solch eine allgemeine Anfrage versteht. Wenn es einen Nutzer Zeit kostet, etwas zu verstehen, ist es eine schlechte Nutzererfahrung – vor allem wenn der Nutzer nur herausfinden will, was er dem

Chatbot schreiben kann. Oder man möchte einen Chatbot an einer Stelle einsetzen, an der eventuell ein anderes Medium besser geeignet wäre.

Betrachten wir dazu dieses kleine Beispiel: Ein Nutzer möchte einen Termin in seinem Kalender verschieben. Die Zeit, die er benötigen würde, um sich in einen Chatbot einzuarbeiten, überwiegt bei Weitem die einfache Möglichkeit, den Termin per Drag-and-drop zu verschieben.[247]

10.3 Fokus auf Content statt auf NLP

Chatbots bieten viel Potenzial, eigene Charaktere zu erschaffen, die Menschen lieben. Die Autoren von weltweit genutzten Chatbots sind sich einig: Man sollte sich auf den Content der Chatbots konzentrieren, bevor man sich mit den technischen Möglichkeiten auseinandersetzt bzw. sich in den NLP-Details verliert und dabei den Nutzer vergisst.[248]

Mehrfachauswahl und Freitexteingabe

Wie wir im Beispiel der Pizzabestellung gesehen haben, kann es recht mühsam sein, einen Chatbot ausschließlich über Freitext zu bedienen. Daher verbinden manche Chatbots verschiedene Eingabemöglichkeiten. Bei häufig vorkommenden Antworten schlägt der Chatbot eine Mehrfachauswahl vor. Die Mischung macht's, und dem Nutzer wird die Tipperei erspart.[249]

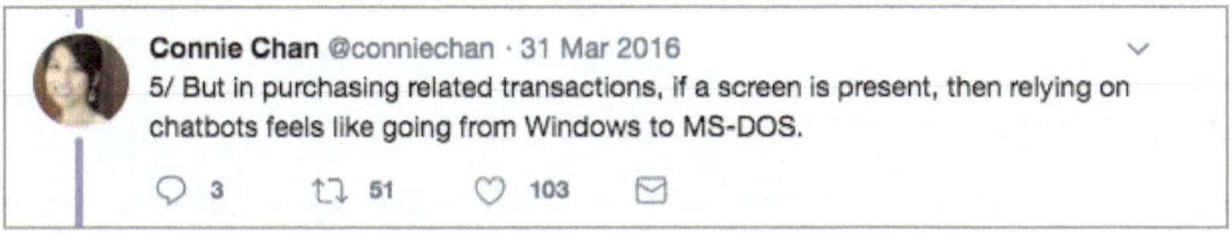

Bild 10.3: Wann sind textbasierte Chatbots sinnvoll? (Quelle: *https://twitter.com/conniechan/status/715773675488866305*)

Wecker-Feature vs. Pizza bestellen

Woher wissen Apple-Fans eigentlich, was Siri alles kann? Die riesige Community hat es durch Ausprobieren herausgefunden und geteilt. Aufgrund des Humors von Siri hat das Probieren den meisten »Early Adoptern« wohl sogar gefallen. Das Problem ist nur, dass nicht jedem Bot-Betreiber Apples Ressourcen zur Verfügung stehen. Selbst bei der Größe und Sichtbarkeit von Apple hat es der Konzern nicht geschafft, dass die Nutzerbasis von Siri über die Basisanwendungen hinausgeht.

Die meisten iOS-Nutzer verwenden Siri lediglich für einen Fall: den Wecker zu stellen. Die Aussage »Siri, stell den Wecker auf 7 Uhr!« erspart dem Nutzer eine Menge Klicks bzw. das Navigieren durch Menüs. Das ist ein Beispiel für einen Use Case für einen Chatbot, der dem Nutzer wirklich einen Mehrwert bietet. Wenn man den Wecker mit dem Pizza-Chatbot vergleicht, wird einem bewusst, worauf es bei einer guten Chatbot-Nutzererfahrung ankommt, nämlich dem Nutzer einen wirklichen Mehrwert zu bieten.

Zur Zielgruppe passender Gesprächsstil

Ein Chatbot sollte an die jeweilige Zielgruppe angepasst sein. Doch nicht alle Zielgruppen reagieren gleich. Einige Nutzer können Emojis oder GIFs beispielsweise nicht ausstehen.

Bild 10.4: Nicht alle Nutzer wollen ihre Nachrichten mit Emojis empfangen. (Quelle: *https://twitter.com/bjorn/status/721072759888035841*)

Personalisierung als weiterer Faktor

Ein weiterer Faktor, mit dem sich Chatbots von dem langweiligen Ausfüllen eines Formulars abheben können, ist die Personalisierung. Chatbots haben den Vorteil, dass sie auf Plattformen eingesetzt werden, auf denen sich die Nutzer bereits registriert haben. Daher können Chatbots auf die Daten der Nutzer zugreifen und individuelle Inhalte bieten – oder eben zwei komplett unterschiedliche Gesprächsflows, wie die Abbildung verdeutlicht.

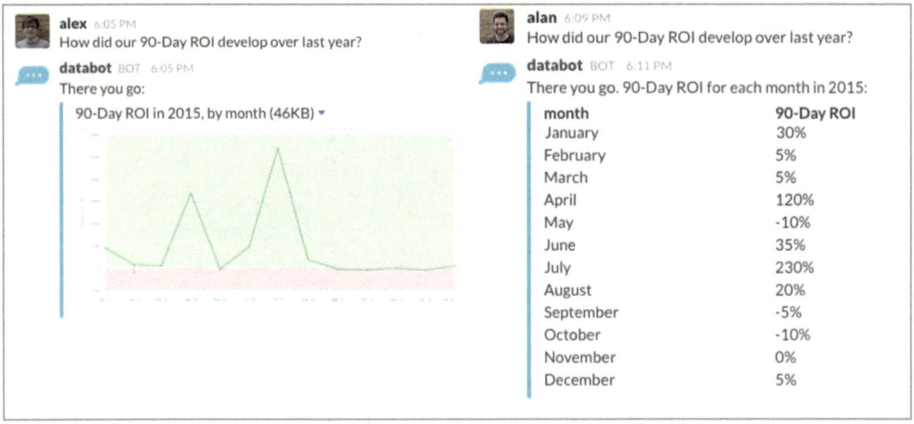

Bild 10.5: Gleiche Frage, aber unterschiedliche Antworten. (Quelle: *https://medium.com/rasa-blog/on-bots-2-3-in-search-of-a-bot-native-ux-new-levels-of-personalization-in-enterprise-software-8c8f36ef62ad*)

Gesprächsdesign vorher ausprobieren

Das Tool Botsociety ermöglicht das schnelle Design eines simplen Chatbots für Facebook Messenger oder Slack und viele weitere Plattformen. Das Tool dient dazu, Prototypen zu erstellen, die man zur Veranschaulichung als Video exportieren kann. Damit ist es möglich, zwei Dinge möglichst schnell zu validieren:

- Nutzen Personen den Service grundsätzlich?
- Möchten Sie den Service innerhalb eines Conversational Interface nutzen?

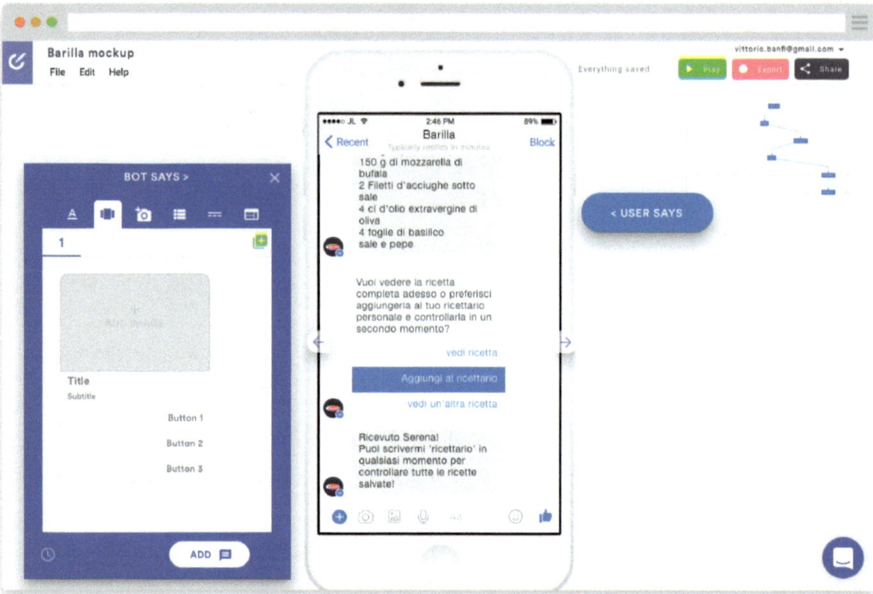

Bild 10.6: Gespräche für den Facebook Messenger entwerfen. Quelle: *botsociety.io/*

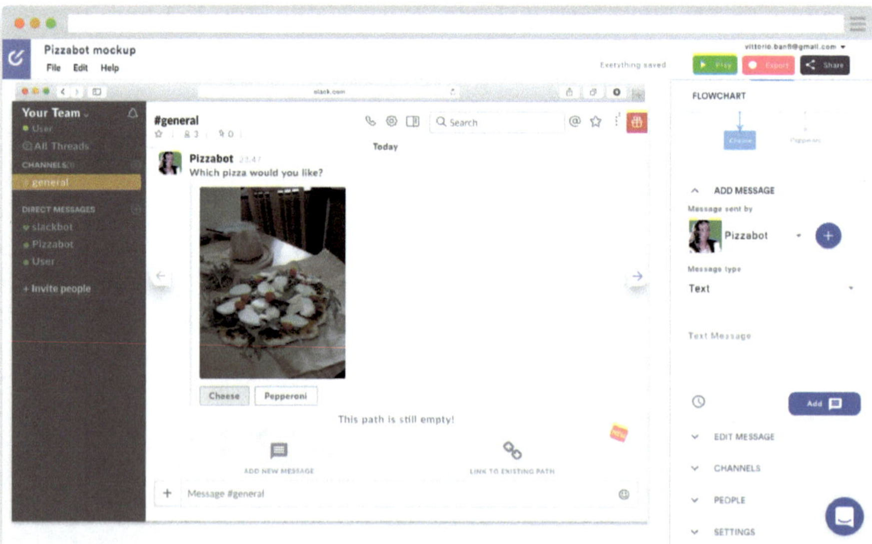

Bild 10.7: Gespräche für Slack entwerfen. Quelle: *botsociety.io/*

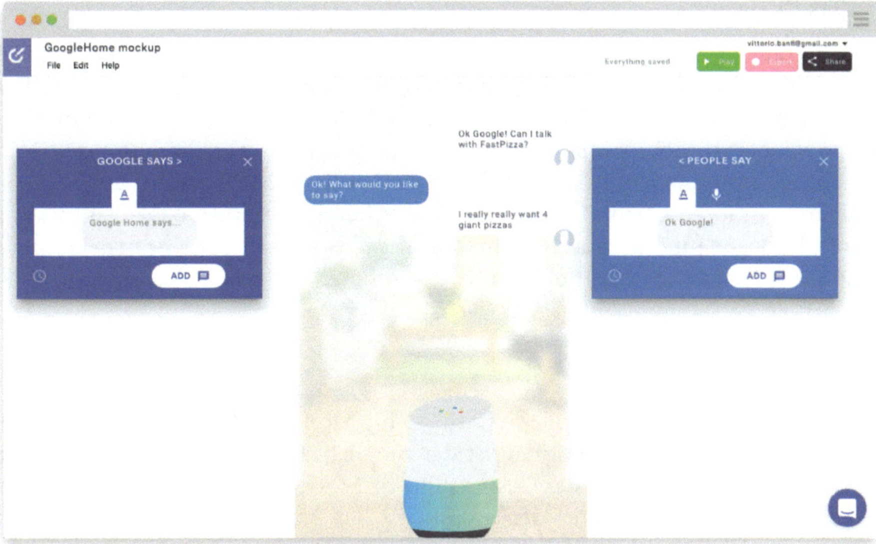

Bild 10.8: Gespräche für Google Home entwerfen. Quelle: *botsociety.io/*

Konversationen ständig verbessern
Ein Chatbot ist ein laufendes Projekt. Gespräche lassen sich mit dem Feedback der Nutzer immer verbessern. Um es mit den Worten der Gründerin von Woebot zu sagen: »Prototype and test low fidelity versions as much as you can. Constantly refine the conversation. It's a design exercise. (...) when a button doesn't cover everything users want to say, users will tell you.«[250]

10.4 Chatbot-Baukästen

Es gibt immer mehr Chatbot-Baukästen auf dem Markt, mit denen man einen Chatbot ohne Programmierkenntnisse umsetzen kann. Ich möchte nachfolgend zwei Baukästen vorstellen.

Chatfuel

Mit Chatfuel lassen sich Chatbots für Facebook Messenger und Telegram[251] umsetzen. Die Plattform ist kostenfrei. Man muss aber damit leben, dass bestimmte Features nicht genutzt werden können und ein Chatfuel-Logo in der Chatbot-Navigation erscheint. Möchte man das nicht, kann man sich für die kostenpflichtige Pro-Version entscheiden. Bekannte Marken wie Adidas, MTV und Uber haben mit der Plattform ihren Chatbot umgesetzt. Ein weiterer Vorteil ist, dass Chatfuel kostenfreie Vorlagen für die typischen Chatbot-Use-Cases bietet. Möchte man beispielsweise einen Newsletter-Chatbot einsetzen, kann man einfach die Vorlage anpassen.

Motion.ai

Einen Chatbot ohne Programmierkenntnisse für Facebook Messenger, E-Mail, SMS oder Web umsetzen? Mit Motion.ai ist das möglich. Der große Vorteil liegt in der Gestaltung der Dialoge und des Gesprächflows. Motion.ai zeigt in einer grafischen Oberfläche die Verknüpfungen der einzelnen Chat-Bausteine an, damit man nicht so leicht den Überblick verliert.

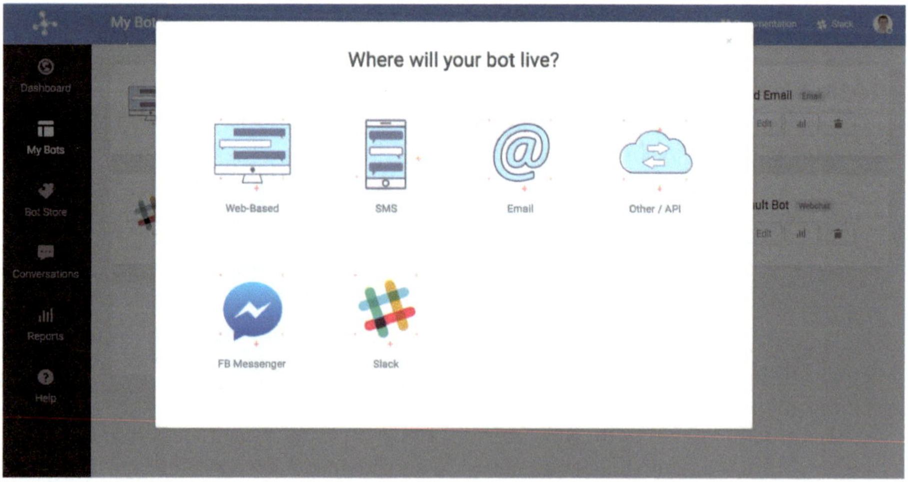

Bild 10.9: Auf motion.ai verfügbare Plattformen. (Quelle: *https://files.readme.io/FsUXAVUSSTyLOWShDIFT_medium.jpg*)

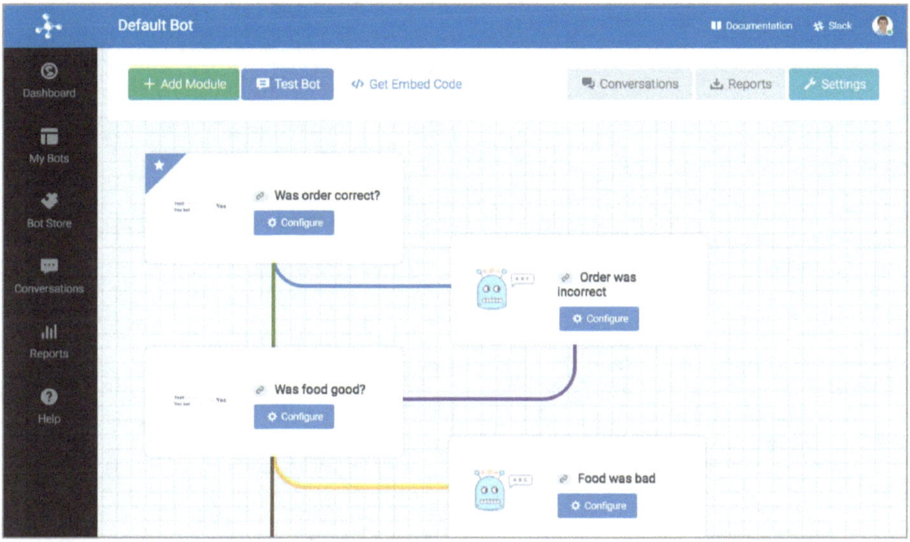

Bild 10.10: Übersicht der Gesprächsverläufe. (Quelle: *https://files.readme.io/bMxgXwDySBeVPdbxdDAx_defaultbot.jpg*)

10.5 Botanalytics und Multichannel

Wenn der Chatbot einmal in Betrieb ist, empfiehlt es sich, seine Metriken zu betrachten. Hierfür gibt es unzählige Anbieter, etwa botanalytics.co, oder man nutzt die hauseigene Analytics-Plattform des Facebook Messengers, die Sie unter dem folgenden Link finden: *https://developers.facebook.com/docs/messenger-platform/analytics*

Für den Start eines ersten Chatbot-Projekts ist eine Multichannel-Strategie von Anfang an nicht relevant, aber langfristig ist es durchaus sinnvoll, die Chatbot-Persönlichkeit auf mehreren Chat-Plattformen zu platzieren. Hier die Skizze einer möglichen Chatbot-Architektur:

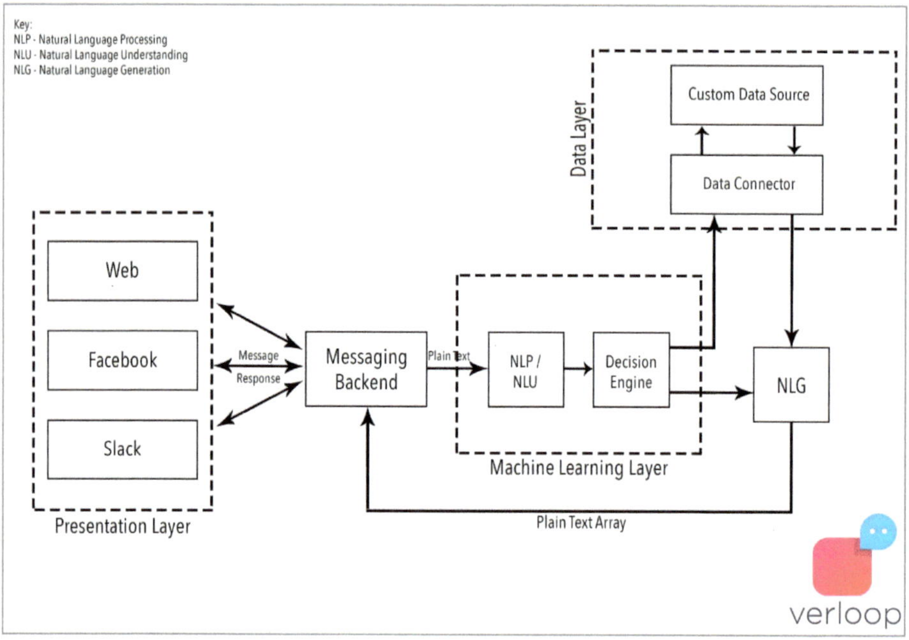

Bild 10.11: Aufbau einer Chatbot-Architektur. (Quelle: *chatbotslife.com/nlp-nlu-nlg-and-how-chatbots-work-dd7861dfc9df*)

Die skizzierte Infrastruktur zeigt die Vorteile der Entkopplung von den jeweiligen Komponenten, die es ermöglicht, nur mit einer Codebasis (Messaging-Backend) Chatbots auf mehreren Plattformen – hier Web, Facebook und Slack – zu betreiben. Die Grafik zeigt außerdem die Positionierung der bereits beschriebenen Disziplinen NLP, NLU und NLG. Auch hier liegt der Vorteil darin, dass die Daten des Unternehmens und die eigene Datenbank einfach ausgetauscht werden können und völlig unabhängig vom Machine-Learning-Layer sind.

11 Erfolgsstorys und Kurioses

Dieses Kapitel beschreibt die zahlreichen Möglichkeiten, wie Unternehmen Chatbots bereits einsetzen, und beleuchtet dabei die einzelnen Strategien und Plattformen der Chatbot-Konzepte, egal, ob im Kundenservice, in der Unterhaltung oder in der psychologischen Beratung.

11.1 Anwendungsfälle für Chatbots

In welchen Branchen oder Anwendungsfällen ergeben Chatbots Sinn?

Potenzial für Chatbots gibt es grundsätzlich überall, wo es um Kommunikation geht – Websites, Apps und soziale Netzwerke.[252]

Vor allem bei Anfragen oder Konversationen mit einem hohen Standardisierungsgrad bieten Chatbots viel Automatisierungspotenzial. Es gibt Studien, dass im Jahr 2020 85 Prozent der Kundenanfragen ohne Einsatz von Menschen bearbeitet werden.[253]

Automatisierte Textassistenten werden uns zukünftig immer mehr auch bei Alltagsproblemen unterstützen: einkaufen, Informationen beschaffen und Geld überweisen.[254]

Kundenservice und Kommunikation

Beim Kundenservice unterscheidet man zwischen vertikaler und horizontaler Automatisierung. Bei der vertikalen Automatisierung liegt der Fokus auf den Geschäftsprozessen, beispielsweise bei der Auskunft zum Kontostand oder der Anforderung von wichtigen Dokumenten. Bei diesen Services haben Kunden die Möglichkeit, sich dank Chatbots selbst zu bedienen. Die menschlichen Servicemitarbeiter werden entlastet und können sich komplexeren Themen zuwenden.

Bei der horizontalen Automatisierung gibt es branchenübergreifend drei Klassiker:

- Ermittlung des Anliegens
- Identifikation
- Legitimation

Dies sind Prozesse, die in anderen Prozessen sehr häufig vorausgesetzt werden. Für diese einfachen und sehr standardisierten Prozesse besteht ein hohes Automatisierungspotenzial, das durch Chatbots abgedeckt werden kann. Beispielsweise spart die Abfrage der Kundennummer und des zugehörigen Anliegens den menschlichen Kundenservicemitarbeitern bereits wertvolle Zeit, die sie wieder in komplexere Themen investieren können. Bei 5.000 Telefonanrufen am Tag und 45 Sekunden Gesprächsanteil für Identifikation oder Ermittlung des Anliegens nimmt ein Chatbot bereits 50 Stunden Gesprächszeit pro Tag ab.[255]

Kundenservice mit Textnachricht oder Stimme?

Die Deutsche Telekom launchte ihren Chatbot auf ihrer Website erst in Österreich und dann in Deutschland. Der Chatbot sollte dem Nutzer die Informationen liefern, die er brauchte. Interessant war, dass die Nutzer in Deutschland den Bot nicht nutzen wollten, sondern lieber weiterhin den Telefondienst. Die Deutsche Telekom entschloss sich also dazu, einen Chatbot für das Telefon umzusetzen, der mit der Stimme anstatt mit Textnachrichten gesteuert werden kann.[256]

Chatbots in Publishing und Entertainment

Beispiele für Chatbots aus dem Medienbereich sind die Bots von New York Times und Quartz. Beide bieten Artikel in einem Conversational-Format an, also in einem Format, das sich der Chat-Oberfläche der jeweiligen Plattform angepasst hat.[257] Auch in der Spieleindustrie sind bereits Chatbots im Einsatz. Der Hersteller Activision nutzte den Chatbot als Promotion, um ein neues Spiel auf den Markt zu bringen. Interessenten konnten bereits einen Dialog mit dem Hauptcharakter führen und unveröffentlichtes Bonusmaterial freischalten. Das Ergebnis? Sechs Millionen Nachrichten innerhalb von 24 Stunden.[258]

Chatbots als Fake-Accounts

Fake-Accounts werden nicht nur in Form von Social Bots genutzt, auch im Dating-Bereich wurden sie bereits eingesetzt. Auf der Seitensprungplattform Ashley Madison gab es den Fall, dass Männer dort nicht mit echten Frauen, sondern mit Chatbots flirteten. Um den 70.539 weiblichen und nur 43 männlichen Chatbot-Accounts antworten zu können, mussten Männer pro Nachricht Geld an das Portal überweisen, denn auf dem Portal kostet der Versand von Nachrichten virtuelle Credits.[259]

Chatbots als Rechtsberater

Der Chatbot von DoNotPay bezeichnet sich selbst als ersten Robo-Rechtsanwalt. Innerhalb von zwei Jahren schaffte er es, 375.000 Strafzettel erfolgreich anzufechten.[260] Probieren Sie es aus: *https://www.donotpay.com/*.

11.2 Chatbots sind nicht immer sinnvoll

Bei speziellen Problemen und individuellen Fragen sind Chatbots menschlichen Beratern unterlegen. Den Chatbots fehlen Transferleistung, Kontext, besondere Erfahrung und das gute alte Bauchgefühl.[261]

Gegenüber Chatbots herrschen noch große Vorbehalte. So zeigt eine Bitkom-Umfrage aus dem Januar 2017, dass 75 Prozent der Bundesbürger keine Chatbots nutzen wollten. Als einen der Gründe nannten rund zwei Drittel, dass sie nicht mit einem Computer sprechen wollten. Fast 50 Prozent sagten, dass sie die Technologie noch nicht für ausgereift hielten.[262]

11.3 Offen für die Nutzung von Chatbots

25 Prozent der Bundesbürger waren im Januar 2017 offen für die Nutzung von Chatbots. Sie konnten sich vorstellen, Chatbots in folgenden Bereichen zu verwenden:

- Sieben von zehn Befragten wollten sie als Assistent für die persönliche Terminplanung verwenden. Fast zwei Drittel wollten Chatbots einsetzen, um Veranstaltungstickets wie Kino- und Theaterkarten zu reservieren oder zu kaufen.
- Jeweils 58 Prozent wollten Chatbots für Recherchen beim Onlineshopping, zum Beispiel bei der Suche nach bestimmten Produkten, oder für die Buchung von Reisen, Flügen, Zugfahrten oder Hotels nutzen.
- Für jeden Zweiten waren Chatbots interessant, um tagesaktuelle Informationen wie das Wetter, Nachrichten, die Verkehrslage oder Börsenwerte abzurufen.
- Vier von zehn Befragten fanden Chatbots für den Einsatz im Kundenservice attraktiv, um dort Nachfragen zu Bestellungen und Beschwerden zu bearbeiten.
- Für gut jeden Vierten war es interessant, Chatbots in Verbindung mit Lieferservices nutzen, um zum Beispiel per Sprachbefehl Essen oder Blumen zu bestellen.«[263]

AEO Holiday Gift Guide Bot

Die folgenden Beispiele geben Tipps zur Benutzerakquisition und Einblicke in Bot-Strategien:

- **Plattformen**: Facebook Messenger und Kik.
- **Konzept**: Nutzerbefragung anhand eines Quiz. Mit dem Ergebnis wurde der Nutzer zum Kauf auf die Website weitergeleitet. Der Bot war nur zur Weihnachtssaison im Einsatz.[264]

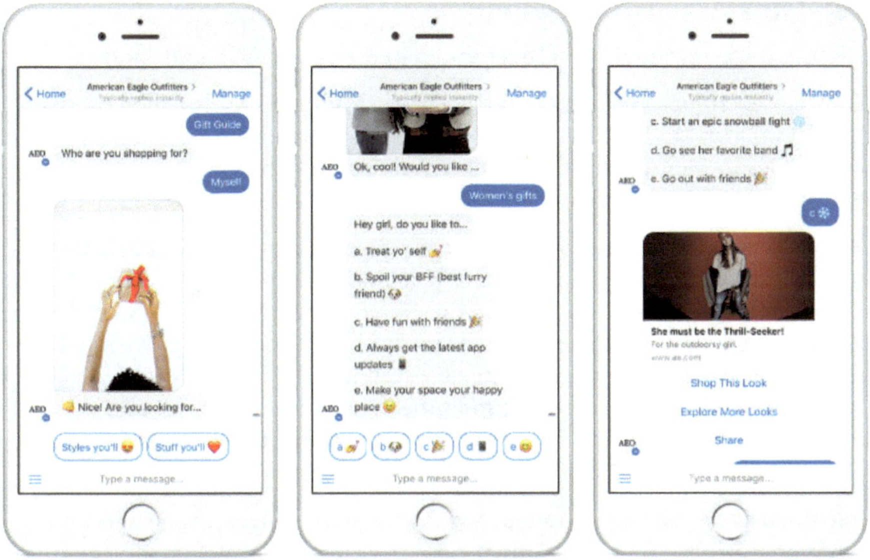

Bild 11.1: Per Quiz zum perfekten Weihnachtsgeschenk. (Quelle: *dmnews.com/social-media/american-eagle-outfitters-and-aerie-give-customers-the-gift-of-chatbots-this-holiday-season/article/580442/2*)

- **Fazit:** Die Betreiber des Chatbots waren von der Menge und der Qualität des Feedbacks in freier Form überwältigt. Innerhalb weniger Wochen hatten sie mehr als die Hälfte der durchschnittlichen Nutzeranzahl über alle sozialen Kanäle hinweg erreicht. Millionen von Nachrichten mit Tausenden von Nutzern wurden ausgetauscht.

Nutzer testen den Grünwald-Chatbot

- **Plattform:** Facebook Messenger.
- **Konzept:** Nutzer konnten im Vorfeld mit dem Hauptcharakter der Serie sprechen oder besonderen Content konsumieren.

  Zum Relaunch der Serie »Grünwald« hat auch der Bayerische Rundfunk eine kurze Zeit lang mit einem Chatbot experimentiert.
- **Fazit:** 91 Prozent der Nutzer hat es gefallen. 96 Prozent der Befragten fanden, der Hauptcharakter der Serie »Grünwald« und der Facebook Messenger passten ganz gut bis prima zusammen.

Woebot gegen schlechte Laune[265]

- **Plattformen**: Facebook Messenger und native Apps für iOS und Android.
- **Konzept**: Der Bot erhielt im Januar 2017 zwei Millionen Nachrichten pro Woche und ist in über 135 Ländern aktiv. Woebot spricht an einem Tag mit mehr Menschen, als ein Mensch in seiner ganzen Lebenszeit sieht, und bringt auch noch eine kostenfreie psychologische Therapie mit.[266]

  Was die Nutzer im Gespräch eingeben, ist so persönlich und sensibel, dass man es in dieser intimen Form in echten Therapien selten hört. Deshalb ist es für die Betreiber des Chatbots wichtig, die Daten anonymisiert zu speichern. Das Zurückverfolgen zum Nutzer des Chatbots ist nicht möglich. Im Woebot-Unternehmen[viii] sehen die Mitarbeiter keine Facebook-Profile der Nutzer. Trotzdem will die Gründerin in naher Zukunft eine eigene App umsetzen und die NLP-Anwendungen auf eigenen Servern hosten, um nicht Gefahr zu laufen, dass Drittanbieter die sensiblen Daten sehen und auswerten.
- **Fazit**: Chats bestehen aus ein bis zwei Zeilen. Wenn Menschen genervt oder in schlechter Stimmung sind, können sie nur wenige Informationen verarbeiten. Daher wurde entschieden, die Texte und Informationen möglichst knapp zu halten. Die Chat-Nachrichten von Woebot beschränken sich auf ein bis zwei Zeilen, um das Gespräch schlank und dynamisch zu halten. Es gibt keine ergebnisoffene Konversation. Der Chatbot führt den Nutzer immer durch eine Art Drehbuch.

  Für die Betreiber von Woebot war es sehr wichtig, die Konversationen auf Textbasis und nicht per Voice umzusetzen. Als Grund nennen sie, dass man negative Gedanken in gesprochenen Antworten kaum erkennen kann. Im Gegensatz dazu schreibt man den negativen Gedanken bei einem textbasierten Chatbot auf, und das hilft gleichzeitig, den negativen Gedanken zu überwinden. Mehr Informationen dazu finden Sie unter dem Link *https://woebot.io/*.

Mildred künstlich verlangsamt

- **Plattform**: Facebook Messenger.
- **Konzept**: Der Chatbot der Lufthansa liefert Informationen zu Flugpreisen.

---

viii Das Team von Woebot wird unterstützt von Andrew Ng als Vorstandsvorsitzendem. Er ist unter anderem der Gründer von Google Brain und war früher leitender Data Scientist bei der Suchmaschine Baidu.

- **Fazit**: Mildred verwirrte ihre Betanutzer, da sie zu schnell reagierte. Der Bot, dessen NLP-Technologie auf wit.ai basiert, wurde daher verlangsamt, um ihn menschlicher erscheinen zu lassen.[267]

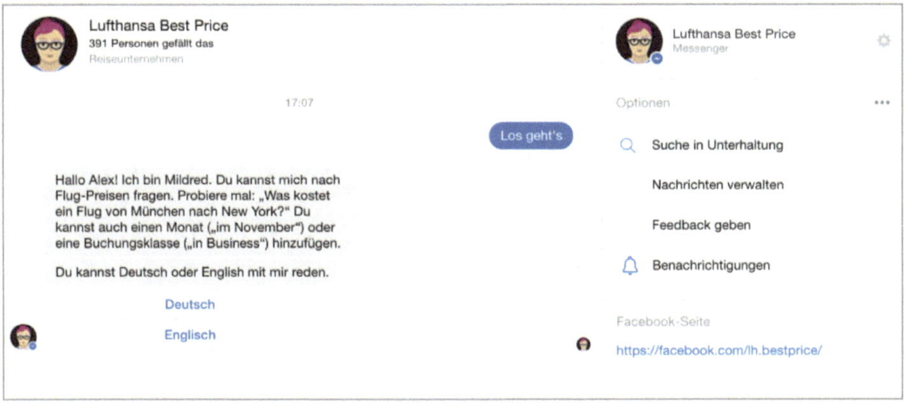

Bild 11.2: Mildred in Aktion. (Quelle: Facebook Messenger)

Maggi Kitchen Intelligence

- **Plattform**: Facebook Messenger.
- **Konzept**: Der Chatbot von Maggi soll Inspiration bei der Rezeptsuche liefern.

  Er ist »ein Chatbot, der Marketing, Vertrieb und Consumer-Service übernimmt« – so beschreibt es Benedikt Schaumann, Head of Digital Communication & Brand PR bei Nestlé Wagner GmbH, auf LinkedIn.[268]

Bild 11.3: Inspiration bei der Rezeptsuche. (Quelle: *de.linkedin.com/pulse/hallo-ich-bin-kim-dein-pers%C3%B6nlicher-benedikt-schaumann*)

Maggi.de verfügt bereits über eine Rezepte-Datenbank, die man auf der Website durchsuchen kann. Was ist also der Use Case des Chatbots? Der Chatbot merkt sich Informationen aus dem Kontext der Gespräche und wird mit jedem Dialog intelligenter. Wenn man beispielsweise im Gespräch erwähnt, man ernähre sich vegetarisch, schlägt »Kim« bei der Anfrage nach Pizza oder Burrito nur fleischlose Varianten vor.

- **Fazit:** Der Chatbot verfolgt ein interessantes Marketingmodell. Er stärkt die Marke Maggi durch die Präsenz beim Facebook Messenger. In Sachen Vertrieb heißt das, dass die Zutaten der Rezepte beispielsweise über den Lieferservice von Rewe bestellt werden können. Consumer-Service bietet der Chatbot, indem er bei Fragen zur Zubereitung sowie zu den Inhaltsstoffen hilft, etwa bei der Anzahl der Kohlenhydrate oder ob die Gerichte laktosefrei sind.[269]

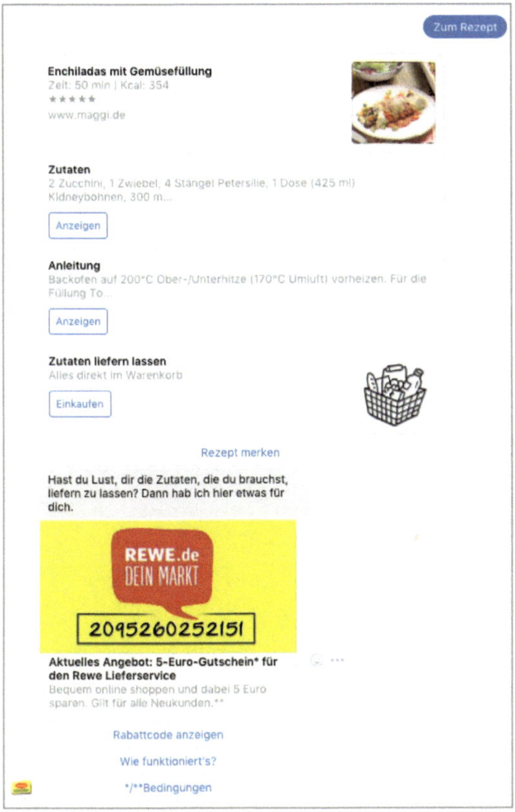

Bild 11.4: Die Konversation mit der Maggi Kitchen Intelligence im Facebook Messenger. (Quelle: Facebook Messenger)

Bild 11.5: Der parametrische Code des Maggi-Chatbots zum Einscannen. (Quelle: *https://www.linkedin.com/pulse/hallo-ich-bin-kim-dein-pers%C3%B6nlicher-benedikt-schaumann/)*

Probieren Sie es aus: *https://www.facebook.com/MaggiKochstudio/*.

TechChrunch

- **Plattform**: Facebook Messenger.
- **Konzept:** Zu einer gewählten Uhrzeit News liefern.

  Der Bot des IT-Magazins TechCrunch war einer der ersten Bots im journalistischen Umfeld. Wie der bereits vorgestellte Chatbot Kim lernt auch er mit der Zeit. Allerdings arbeitet der Chatbot hier mit Cookies. Liest z. B. ein Nutzer viele News über Snapchat auf seinem Rechner, werden ihm auch überwiegend News zu Snapchat vorgeschlagen. Der Nutzer kann dabei die Uhrzeit sowie die Häufigkeit der Newsmeldungen selbst bestimmen.[270]

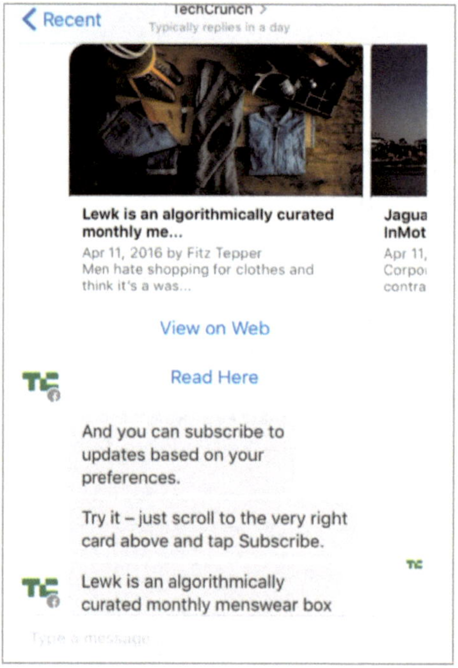

Bild 11.6: Der Chatbot wurde mithilfe der Plattform Chatfuel umgesetzt. (Quelle: Facebook Messenger)

- **Fazit:** Der Chatbot tut, was er soll: News zu einer gewählten Uhrzeit liefern. Die Notifications zu ändern funktioniert problemlos.

Hendricks Cucumber Adoption Service

- **Plattform:** Facebook Messenger.
- **Konzept:** Sich für eine Gurke mit einem Charakter zu entscheiden, sie zu adoptieren und zu pflegen.

  Unter dem Motto »Cultivate the unusual« verbindet der Gin-Hersteller die Chatbot-Technologie des Facebook Messengers mit der Mechanik eines Tamagochi-Spiels. Bei dem Chatbot geht es darum, sich für eine Gurke mit einem Charakter zu entscheiden, sie zu adoptieren und zu pflegen. Ich wählte z. B. die Gurke »Hercules the Destroyer«.

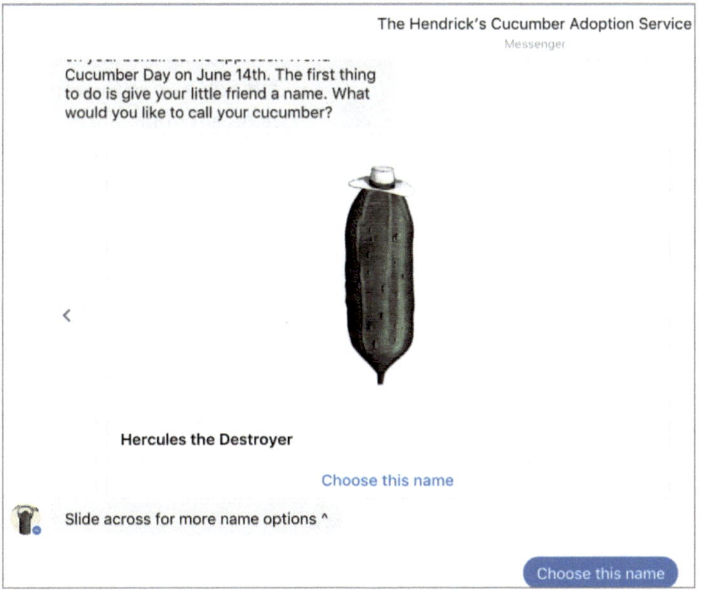

Bild 11.7: Meine Gurke Hercules. (Quelle: Facebook Messenger)

- **Fazit:** Zu den Besonderheiten des Chatbots gehören die spielerischen Elemente. Man kann z. B. der Gurke etwas vorlesen lassen oder sie bei Zeiten mit Wasser versorgen. Wenn man diese Optionen im Chatbot wählt, sieht der Nutzer ein Video von Menschen, die der Pflanze wirklich etwas vorlesen oder sie gießen.

Bild 11.8: Persönliche Ansprache des Nutzers. In diesem Beispiel bekommt der Nutzer ein persönliches Zertifikat mit seinem Namen ausgestellt. (Quelle: Facebook Messenger)

Narcos Cartel Simulator

- **Plattform**: Facebook Messenger.
- **Konzept:** Der Narcos Cartel Simulator verbindet ein klassisches Textadventure-Game mit der Mechanik eines Chatbot-Interface.

  Ein weiterer Chatbot, der einen Gamification-Ansatz im Chat-Interface umsetzt, ist der Chatbot der Netflix-Serie Narcos.
- **Fazit**: Die Grafiken sind schlicht gehalten. Man hat fast das Gefühl, als würde man das Spiel auf einem der ersten Gameboys oder der ersten Textadventure-Spiele aus dem Jahr 1994 spielen. Der Spieler bekommt Punkte durch den erfolgreichen Handel mit Drogen, da er im Spiel die Rolle eines »Narcos«, also eines Drogendealers, einnimmt.

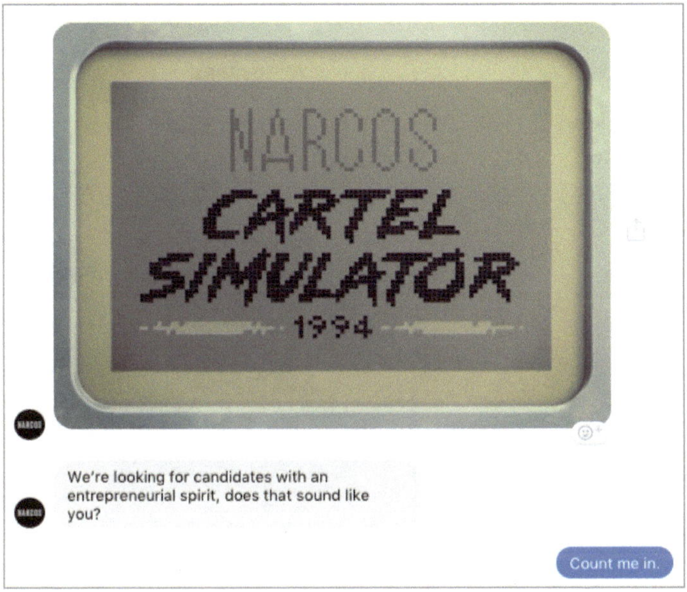

Bild 11.9: Narcos Cartel Simulator. (Quelle: Facebook Messenger)

Probieren Sie es aus: *https://www.facebook.com/NarcosNetflix/*.

KLM Messenger

Die KLM Royal Dutch Airlines haben einen Chatbot mit mehreren Use Cases für die Messenger-Plattform umgesetzt. Doch nicht nur das, die Fluggesellschaft erhält 100.000 Nennungen pro Woche über alle Social-Media-Kanäle zusammen. Dazu zählen WhatsApp, Facebook Messenger, Twitter, LinkedIn, WeChat und KakaoTalk (koreanisch).

Die 250 Servicemitarbeiter beantworten pro Woche ungefähr 15.000 Fragen auf Niederländisch, Englisch, Deutsch, Spanisch, Portugiesisch, Französisch, Chinesisch, Japanisch und Koreanisch. Während der Öffnungszeiten wird auch Italienisch unterstützt.

KLM war eines der ersten Unternehmen, die Facebook Messenger, Twitter und WeChat in ihren Buchungsprozess online integrierten und damit digital und via Chat-Interface Flugdokumente und Status-Updates bereitstellen konnten.

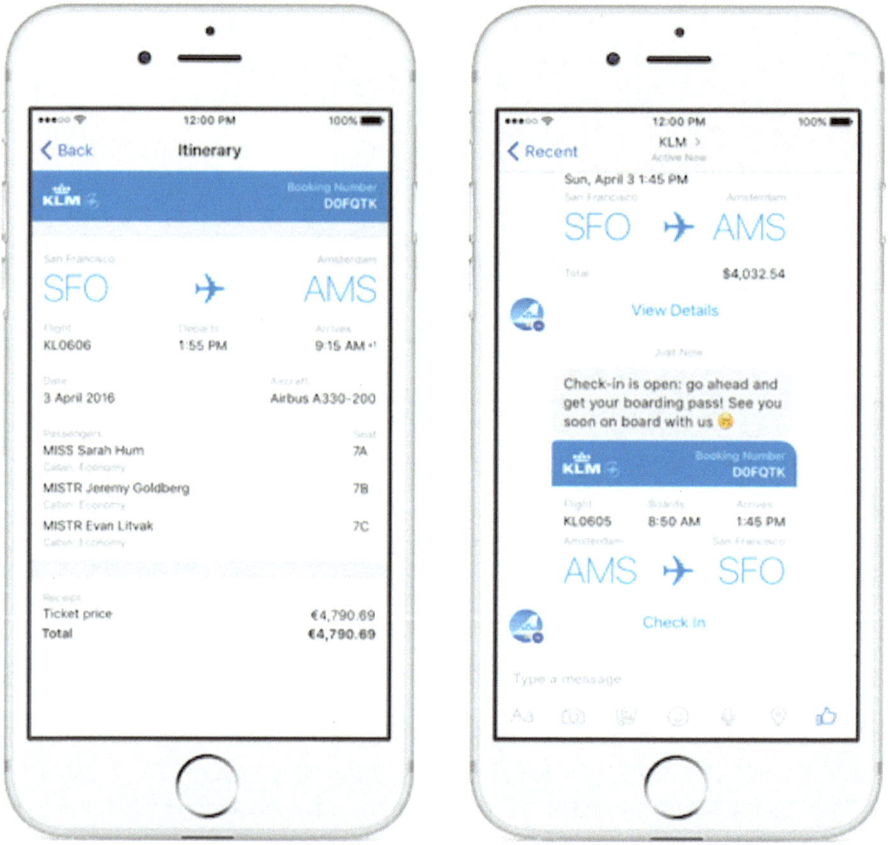

Bild 11.10: Integration des Messenger-Chatbots in den Buchungsprozess. (Quelle: *social.klm.com/flightinfo/messenger/*)

Integration in den Buchungsprozess

KLM bietet seinen Passagieren an, Informationen zu ihrem gebuchten Flug über den Messenger zu erhalten. Besonders interessant ist die Möglichkeit, Notifications via Messenger direkt in der Registrierung zu bestätigen. Hierzu muss sich der Nutzer nur in den letzten 90 Tagen einmal bei Facebook oder im Messenger auf einem Gerät eingeloggt haben. Anschließend wird ihm das Plug-in angezeigt, das er zur Aktivierung verwenden kann.

Bei Fragen zur Reise steht der Kundenservice-Chatbot 24 Stunden und sieben Tage pro Woche zur Verfügung. Auch bei kurzfristigen Änderungen im Flugplan oder Verspätungen erhält der Nutzer eine Benachrichtigung. Selbst den Boarding-Pass müssen Passagiere dank Chatbot nicht mehr ausdrucken. Sie erhalten ihn per Facebook Messenger.

Kommunikation mit Emojis

Ein weiteres nennenswertes Merkmal des KLM-Chatbots ist die Möglichkeit, mithilfe von Emojis zu kommunizieren. Sendet man dem Chatbot etwa ein Burger-Emoji, antwortet der Chatbot mit der Auflistung von Burger-Restaurants in der Nähe der Location, an der man sich befindet. Die Daten der Locations entnimmt KLM den Google Places. Weitere Emojis, die gängig vom Service unterstützt werden, sind:

- Schuhe für lokale Schuhläden
- Tiere für den nächsten Tierpark
- Geldscheine für einen Geldautomaten
- Kaffee für das nächste gemütliche Café etc.

Wird das eventuell der Weg sein, auf dem wir in Zukunft kommunizieren? Der Chatbot unterstützt aktuell nur die Emojis, die bei Smartphones und Tablets auf dem Emoji-Keyboard unten links zu finden sind. Mehrfache Emojis werden ignoriert. Der Chatbot reagiert nicht auf Facebook-Sticker oder GIFs. Werden keine Emojis, sondern Fließtext eingegeben, wird die Nachricht vom Chatbot bzw. vom Servicemitarbeiter wieder regulär behandelt.

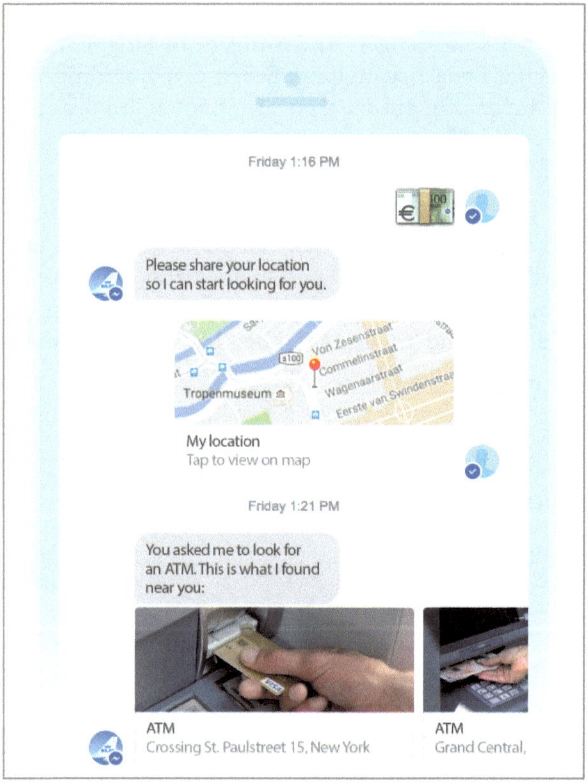

Bild 11.11: Geldautomaten per Emoji finden. Der Chatbot von KLM macht es möglich (Quelle: *emoji-messenger.klm.com*)

KLM zählt zu den ersten Unternehmen, die einen verifizierten WhatsApp-Business-Account verwenden durften. Präsident und CEO der Fluggesellschaft Pieter Elbers beschreibt es folgendermaßen:

»I am very proud that KLM is the world's first airline with a verified WhatsApp account. This unique partnership with WhatsApp underlines our position as an aviation pioneer. We want to be where our customers are and, given the 1 billion users, you have to be on WhatsApp. With an account verified by WhatsApp, we offer our customers worldwide a reliable way to receive their flight information and ask questions 24/7. This truly is a major next step in our social media strategy.«[271]

Bucht ein Kunde ein Ticket auf der Website von KLM, hat er – neben dem Facebook Messenger – nun auch die Möglichkeit, sich seine Flugtickets etc. per WhatsApp schicken zu lassen. Hierzu ist lediglich ein Opt-in auf der Website nötig, bei dem der Kunde die Mobilnummer seines WhatsApp-Accounts angibt. Neben der Bestellbestätigung erhält der Nutzer eine Benachrichtigung, wenn der Check-in öffnet, sowie rund um die Uhr Updates zum Flugstatus oder zu Verspätungen. Auch den Boarding-Pass bekommt der Nutzer digital per WhatsApp zugeschickt. Der eigene Sitzplatz kann ebenfalls über WhatsApp geändert werden.

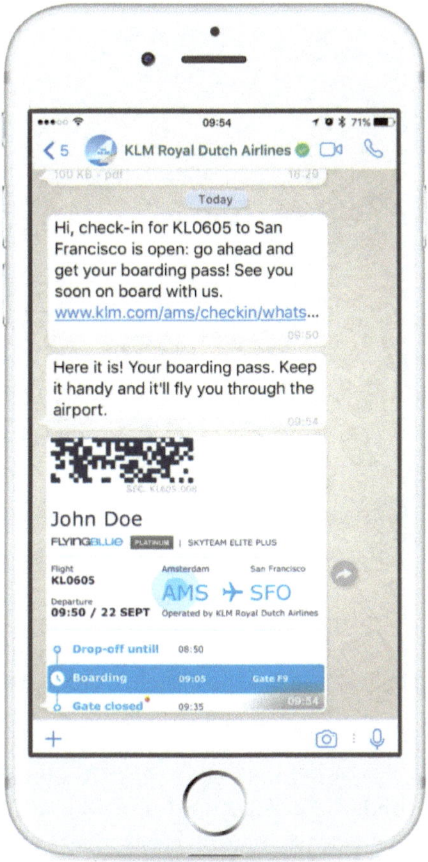

Bild 11.12: WhatsApp-Nutzer erkennen verifizierte Unternehmen an einem grünen Häkchen, das neben dem Kontaktnamen erscheint. (Quelle: *news.klm.com/klm-first-airline-with-verified-whatsapp-business-account/*)

Dating-Chatbot Lara

Der Dating-Chatbot Lara von Meetic erzielt eine gegenüber der klassischen Website oder der App über 30 Prozent höhere Conversion Rate. Der Clou bei der Sache ist, dass Lara den Nutzer im Registrierungsprozess durch ein entspanntes Gespräch statt durch langweilige Formularfelder führt. Mit einem Gesicht und einem Vornamen sowie einer persönlichen Ansprache per Du baut der Chatbot eine emotionale Verbindung zum Kunden auf und sorgt für eine freundschaftliche Atmosphäre bei. Im Gespräch gibt der User Informationen zu seinen Vorlieben und zu seinem Geschmack.

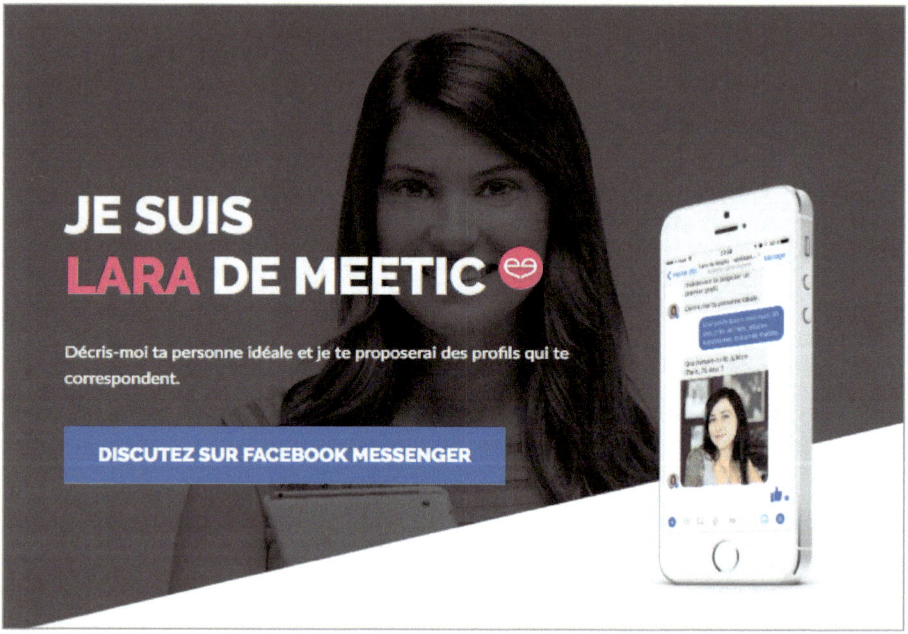

Bild 11.13: Lara punktet mit entspannter persönlicher Ansprache. (Quelle: *lara.meetic.fr/*)

Cynthia Ramirez, Leiterin CRM bei Meetic, beschreibt: »Meetic führt regelmäßig Studien durch, um zu prüfen, ob unsere Kunden zufrieden sind und was verbessert werden kann. Dem Anmeldeprozess schenken wir natürlich besonders große Beachtung, wir möchten wissen, was Besucher davon abhält, sich anzumelden, um mit relevanten Botschaften eventuelle Stolpersteine aus dem Weg zu räumen. Der Erfolg unserer Optimierungskampagnen ist weitgehend auf die Qualität und die Relevanz der vorhandenen Daten und eine präzise Segmentierung zurückzuführen. Mit Kameleoon konnten wir die Szenarios verschiedener User Journeys erstellen und testen, wie User Experience und Conversion am besten optimiert werden. Die Relevanz eines Chatbots wurde bestätigt, und die auslösenden Elemente wurden präzise eingerichtet. Die Analyse des Besucherverhaltens zeigt, dass unser intern entwickelter Chatbot eine echte Hilfe für Singles ist, die über eine Anmeldung bei Meetic nachdenken.«[272]

Meetic bietet den Chatbot im Facebook Messenger und als Web-Chatbot auf ihrer Website an. Der Web-Chatbot erscheint, wenn die Nutzer, noch nicht registriert sind, die Website verlassen möchten. Meetic möchte sie mit dem Chatbot von ihrem Service überzeugen und zur Anmeldung bewegen. Der Chatbot für den Facebook Messenger ist in Deutschland nicht verfügbar. Die Facebook-Seite scheint nur in Frankreich verfügbar zu sein.

Neben der Persönlichkeit Lara gibt es auch den Charakter Tom als Chatbot.

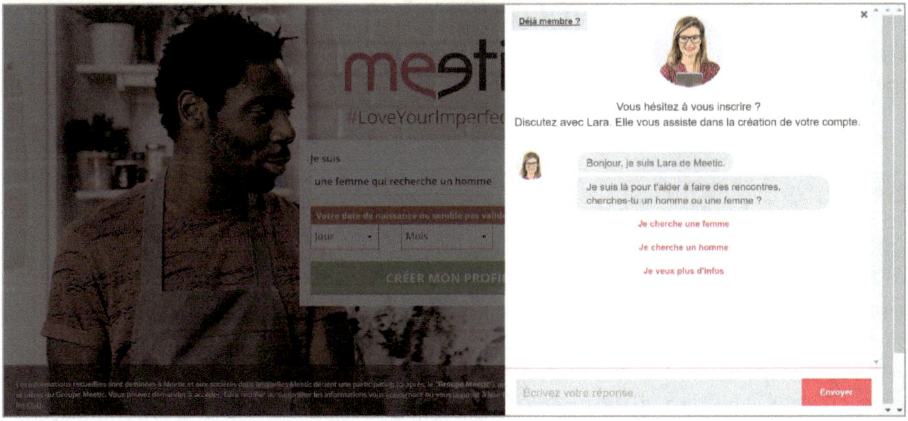

Bild 11.14: Der nur in Frankreich verfügbare Chatbot für den Facebook Messenger von Meetic. (Quelle: *http://blog.kameleoon.com/de/meetic-chatbot/*)

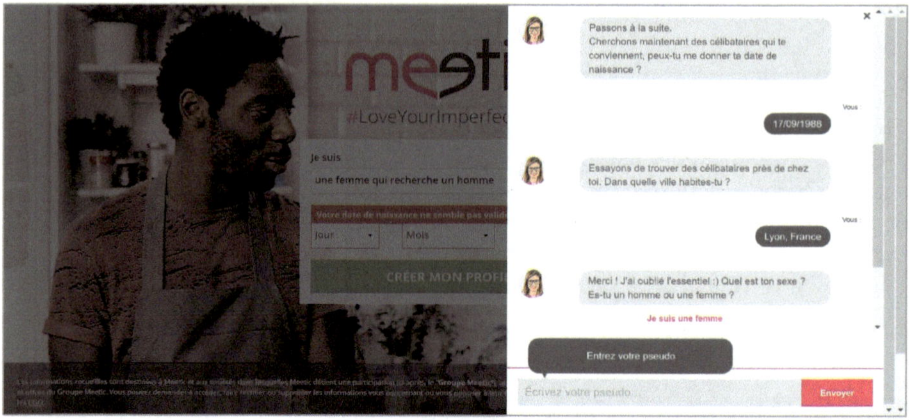

Bild 11.15: Ein einfaches Gespräch als Onboarding. Nutzer erstellen so unterhaltsam und unkompliziert ihr Profil. (Quelle: *http://blog.kameleoon.com/de/meetic-chatbot/*)

Der Bote der Sparkasse

Als weiteren Marketingkanal zur Bewerbung ihres Bezahlservice »Kwitt« erstellte die Sparkasse eine fiktive Persönlichkeit als Chatbot für den Facebook Messenger. Der Chatbot zeichnet sich durch eine sehr gute Mischung aus Animationen und Witzen aus – ein schönes Beispiel für zielgruppengerechte Kommunikation. Ziel ist es, dass Nutzer die Videobotschaften des Chatbots an ihre Freunde schicken, um sie etwa an ihre Schulden zu erinnern. Bei Bedarf können die Personen direkt auf die Website der Sparkasse weitergeleitet werden, auf der sie dann die Zahlung tätigen können.

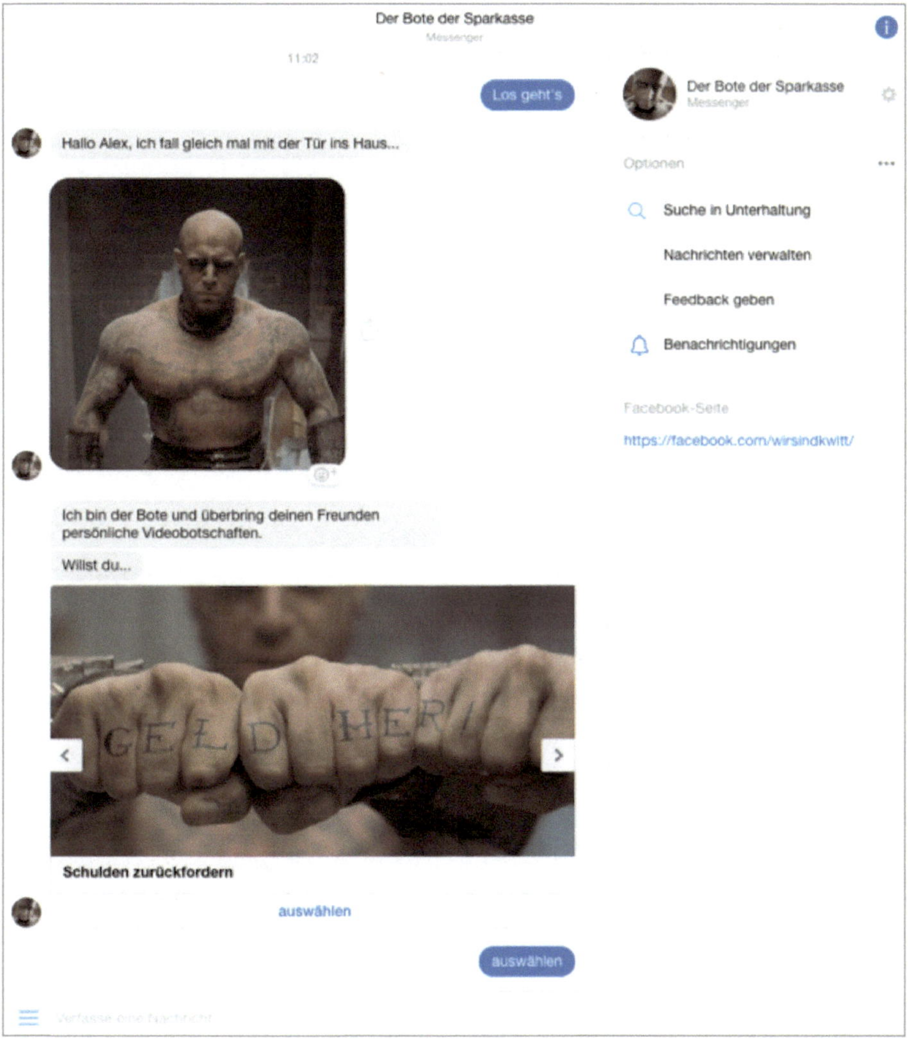

Bild 11.16: Mit einem Bot erinnert die Bank an mögliche Schulden. (Quelle: Facebook Messenger)

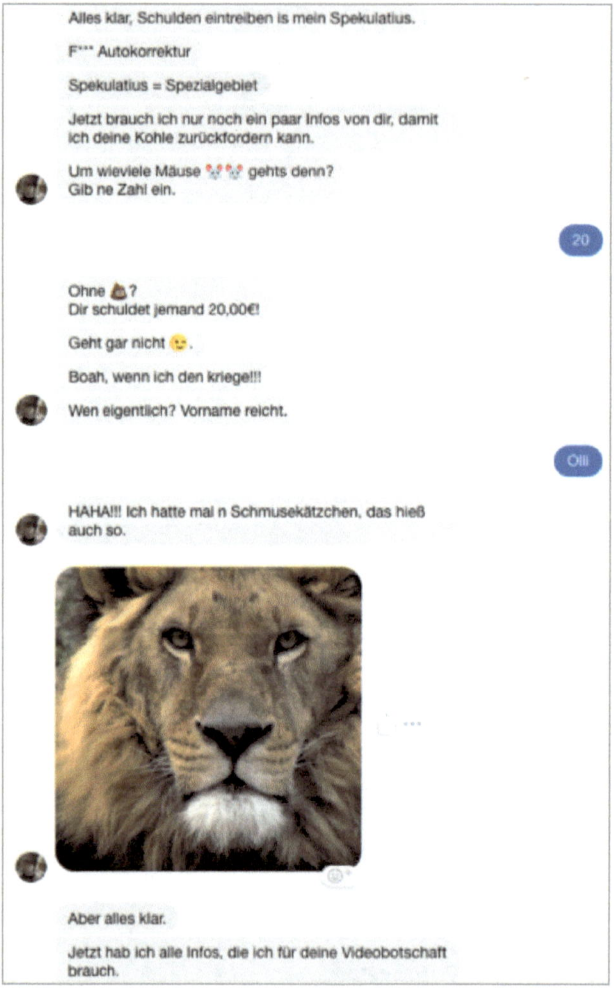

Bild 11.17: Zielgruppengerechte Konversation mit viel Humor und Emojis. (Quelle: Facebook Messenger)

Die Strategie der Sparkasse bestand darin, durch ein Video auf den Charakter des Chatbots aufmerksam zu machen. Anschließend konnten sie durch gezieltes Targeting genau die Facebook-Nutzer mit Werbung auf Facebook direkt ansprechen, die das Video gesehen hatten. Die Werbung enthielt einen Call-to-Action-Button, der die Nutzer sofort in ein Gespräch mit dem Chatbot verwickelte. Das Ergebnis kann sich sehen lassen.

- **Fazit:** Die Kwitt-Nutzung stieg dank Chatbot um 22 Prozent. Silke Lehm, Leiterin Marketing-Kommunikation beim Deutschen Sparkassen- und Giroverband

(DSGV), nannte erste KPIs für den Chatbot. »Insgesamt erzielte die Sparkasse mit ihrem Droh-Bot 9,5 Millionen Videoaufrufe mit einer Verweildauer von drei Minuten. Insgesamt wurden von den Usern 135.000 personalisierte Videos erstellt, und innerhalb von sechs Wochen stieg die Kwitt-Nutzung um 22 Prozent.«[273]

Probieren Sie es aus: *https://www.messenger.com/t/wirsindkwitt/*.

NearGroup-Chatbot

- **Plattformen**: Facebook Messenger und Viber.
- **Konzept**: Über NearGroup lernen sich Menschen kennen. Jeden Monat gibt es 700.000 bis 800.000 neue Nutzer.

  Der Clou ist, dass das Profilbild des Gesprächspartners erst durch einen Fortschritt der Konversation Schritt für Schritt freigeschaltet bzw. sichtbar wird. Bis dahin sehen sich die Personen nicht, da das Profilbild unscharf und verpixelt angezeigt wird. Sie fokussieren sich am Anfang also nur auf das Gespräch und auf die Inhalte. Gestartet in San Francisco, gilt NearGroup als einer der erfolgreichsten Chatbots für Facebook Messenger und Viber. Man kann sofort anonym Gespräche führen und muss sich nicht registrieren oder eine App herunterladen.

  Das Team rund um NearGroup besteht aus neun Personen. Acht davon sind Entwickler. Ohne Marketingteam und ohne Marketingkosten haben sie mit dem Chatbot ein virales Produkt geschaffen. Mit täglich 1.000 Mentions auf Facebook teilen es die Leute freiwillig, da sie einen großen Nutzen für sich entdeckt haben.

  Einer der möglichen Growth Hacks (eine Marketingtechnik) könnte die Begrenzung der Gesprächszeit gewesen sein. Zu Beginn nutzten Nutzer den Chatbot für mehrere Stunden täglich. Testweise reduzierte NearGroup die Gesprächszeit auf zwei Stunden pro Tag – mit großem Erfolg, denn die Nutzer konnten Gespräche terminieren und sie konzentriert führen. Sie kamen dann täglich wieder zum Chatbot zurück und waren gewissermaßen süchtig nach dem Service.

- **Fazit**: Das Team erhält im Monat 15.200 Einladungen zu Hochzeiten. Obwohl es auch eine Android-App betreibt, kommen die meisten neuen Nutzer über den Facebook Messenger. Nach Meinung der Teammitglieder benötigen erfolgreiche Chatbots keine künstliche Intelligenz oder unbedingt eine NLP-Komponente. Sie haben festgestellt, dass die Nutzer davon teilweise eher verwirrt waren. Daher haben sie sich entschieden, ihre NLP-Komponente zu entfernen. NearGroup konzentriert sich momentan auf User Growth. Die Monetisierung des Service kommt danach.

Probieren Sie es aus: *https://www.facebook.com/pg/neargroup/.*

Poncho, die Wetterkatze

- **Plattformen**: iOS, Android native Apps, aber auch als Chatbot für den Facebook Messenger.
- **Konzept**: Poncho existierte bereits seit ungefähr vier Jahren, als der Service im Juni 2018 beendet wurde. Gestartet als E-Mail-Verteiler, war er schon sehr früh offizieller Facebook-Partner für Messenger. Das Wetter sollte Spaß machen. Wie einer der Gründer sagte: »Wir setzen viel auf emotionale Inhalte, schließlich sind wir ja alle menschlich.«

  Die Inspiration für Poncho kam von der Mutter des Gründers. Sie hatte ihm täglich Erinnerungen gesendet, er möge doch bitte eine Jacke oder einen Regenschirm mit in die Schule nehmen, weil das Wetter schlecht wäre. In Kombination mit einer Prise Humor brachte der Gründer diese Erinnerungen an die Nutzer des Chatbots Poncho.[274]

  Poncho existierte für mehrere Plattformen: iOS, Android native Apps, aber auch als Chatbot für den Facebook Messenger. Neben den Entwicklern existierte ein großes Team von Redakteuren, die die Inhalte der Katze produzieren. Egal ob GIF, Animationen, Videos oder eben einfache Witze – guter Content lag dem Team sehr am Herzen.

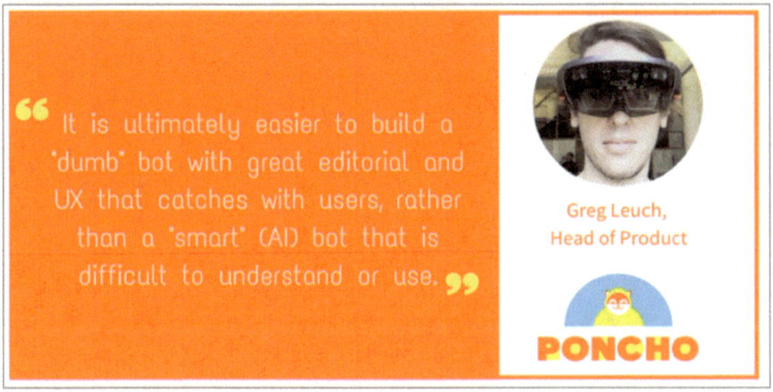

Bild 11.18: Chatbot-Experte Greg Leuch gibt den Tipp, dass man eher auf den Mehrwert für den Nutzer achten sollte, als die perfekte künstliche Intelligenz zu entwickeln. (Quelle: *https://chatbotsjournal.com/interview-with-greg-leuch-head-of-product-poncho-inc-d66485980cba*)

Dafür wurde für die Redakteure ein eigenes Content-Management-System entwickelt, um die Gespräche im Vorfeld zu planen und zu designen. Laut Head of Product Greg Leuch wird sich Poncho in den nächsten Monaten auf die B2B-Welt fokussieren und dort nicht nur wie im Facebook Messenger als Freund existieren, sondern auch als »Arbeitskollege« in Slack oder auf weiteren Plattformen Witze und Tipps zur Zusammenarbeit liefern.

Fokus auf Content anstatt auf Technik[275]

- Das Team besteht aus insgesamt zehn Personen: Per Messenger haben sie eine 2 bis 2,5 Mal größere Retention Rate als mit Websites oder Apps.
- Der Messaging-Layer ist einfach zu nutzen und einfach zu finden, man muss nichts installieren, und man befindet sich dort schon täglich, da man Messaging bereits mit den eigenen Freunden täglich nutzt. Das ist vergleichbar mit E-Mail: Man checkt sie täglich, und man öffnet täglich das gleiche Interface.
- Entscheidend für Ponchos Erfolg sind die Benachrichtigungen, also das tägliche Versenden von neuen Nachrichten. Oft kann man mit der perfekten NLP-Komponente einen schnellen Overkill verursachen, man schießt, wie man so schön sagt, mit Kanonen auf Spatzen. Die künstliche Intelligenz wird nur genutzt, um grob zu verstehen, was der Nutzer sagt und mit einer groben Wahrscheinlichkeit richtig zu antworten.

Bild 11.19: Vorsicht bei zu großen GIFs! Lieber komprimierte Bilder versenden, um Datentransfer zu sparen. (Quelle: *https://chatbotsmagazine.com/how-two-questions-can-change-your-products-growth-247ebf412486*)

- Ihre erste Nachricht im Onboarding-Prozess enthielt ein ungefähr 1 MByte großes GIF. Schon 1 MByte kann für manche Nutzer sehr teuer sein, da das Datenvolumen schnell aufgebraucht sein kann, wenn man nicht mit dem WLAN verbunden ist. Als Experiment ersetzten sie das GIF durch statische Bilder mit typischen Elementen aus Ponchos »Leben« – beim Pizzaessen, im Bett etc. Der Effekt war der gleiche, denn die Nutzer hatten ein erstes Gefühl für Ponchos Charaktereigenschaften und mussten weniger Daten herunterladen. Außerdem wurden sie nicht so stark vom GIF abgelenkt.[276]

Nutzer testen die Grenzen des Chatbots

- Man sollte immer davon ausgehen, dass Nutzer die Grenzen des Bots testen werden. Bis zu welchem Grad versteht er noch Gespräche? Deshalb haben sie etwa die ekligsten und schlimmsten Schimpfwörter oder Troll-Begriffe von 4chan[ix] gesammelt und auf die Filterliste des Chatbots gesetzt. Wenn der Nutzer solche Wörter verwendet, geht der Bot gar nicht erst darauf ein, sondern ignoriert den Nutzer.

---

ix 4chan.org ist unter anderem bekannt für unzählige Internet-Memes und auch für rassistische und gewalttätige Inhalte.

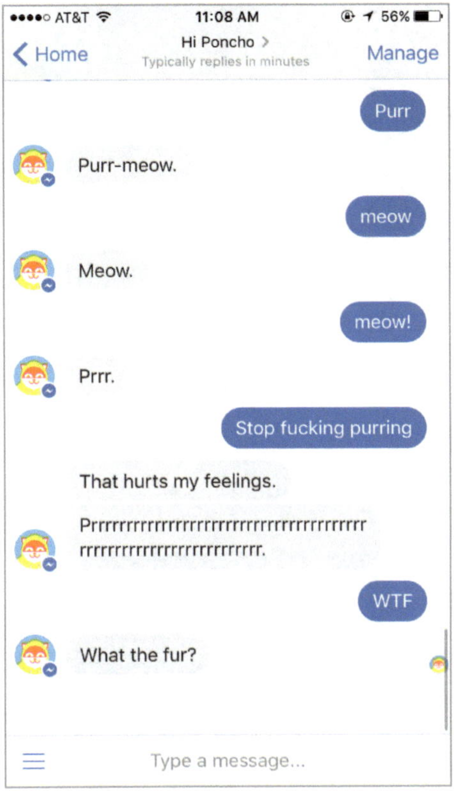

Bild 11.20: Nutzer testen die Grenzen eines Chatbots. (Quelle: *whatthebot.ai*)

- Um den Nutzer nicht zu überfordern, sendet Poncho zunächst immer nur eine simple Textnachricht. Wenn der Nutzer dann das Gespräch öffnet und die Nachricht gelesen hat, folgt der Rest der Nachrichten, auch gern mit einem GIF als Animation.

Bild 11.21: Reagiert der Nutzer auf Ponchos Nachricht, startet die Kommunikation. (Quelle: *https://chatbotsmagazine.com/2-weeks-after-we-launched-poncho-at-f8-93666490a1f1*)

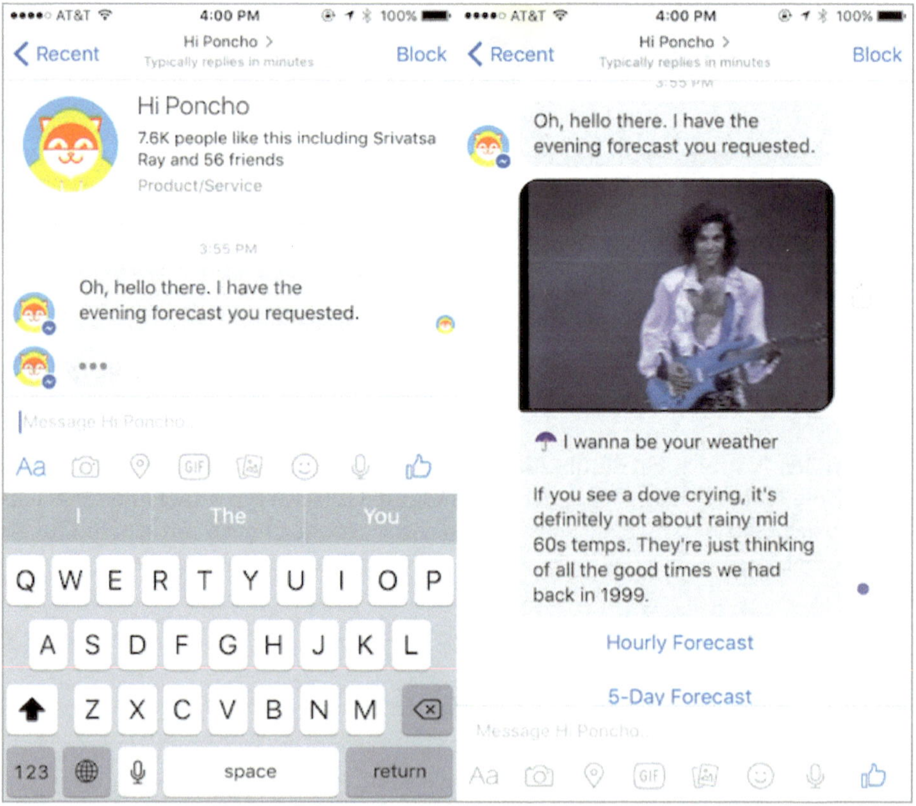

Bild 11.22: Erst wenn der Nutzer die Nachricht öffnet, sendet ihm der Chatbot weitere Nachrichten. (Quelle: *https://chatbotsmagazine.com/2-weeks-after-we-launched-poncho-at-f8-93666490a1f1*)

- Beim Charakterdesign orientierte man sich am Comic-Charakterdesign. Wie verdient die Katze Geld? Momentan gar nicht. Die Konzentration liegt auf User-Wachstum. Mitarbeiter werden per VC-Geld bezahlt.
- **Fazit**: Poncho, Freund des Nutzers! Das Team rund um Poncho findet den Charakter eines Chatbots sehr wichtig. Es hat die Katze als einen Freund des Nutzers entwickelt. Die Katze unterstützt und steht immer bereit. Viel Wert wird auf Respekt gegenüber dem Nutzer gelegt sowie auf Natürlichkeit und Authentizität. Wenn Nutzer im Gespräch das Gefühl haben, etwas sei komisch oder ungewöhnlich, gilt das als schlechtes Zeichen. Als ein sehr wichtiges Element in ihrem Gesprächsdesign nennt Head of Product Greg Leuch die Zeit. Pausen oder Antwortzeiten sind sehr wichtig, um den Nutzer nicht zu überfordern oder Pointen oder Witze einzubauen.

12 Ausblick

Laut Gartner Hype Cycle vom Juli 2017 werden Chatbots als virtuelle Assistenten erst in fünf bis zehn Jahren im Mainstream ankommen. Das sagten die Analysten bereits im Jahr 2016 voraus. Im Jahr 2018 verkürzen die Analysten die Wartezeit für den Einsatz von Chatbots im Mainstream auf zwei bis fünf Jahre.[277]

12.1 Bewertung mit dem Hype Cycle

Der Gartner Hype Cycle bietet Unternehmenslenkern und Technologieberatern die Möglichkeit, den Reifegrad von neuen Technologien besser einzuschätzen und zu bewerten.

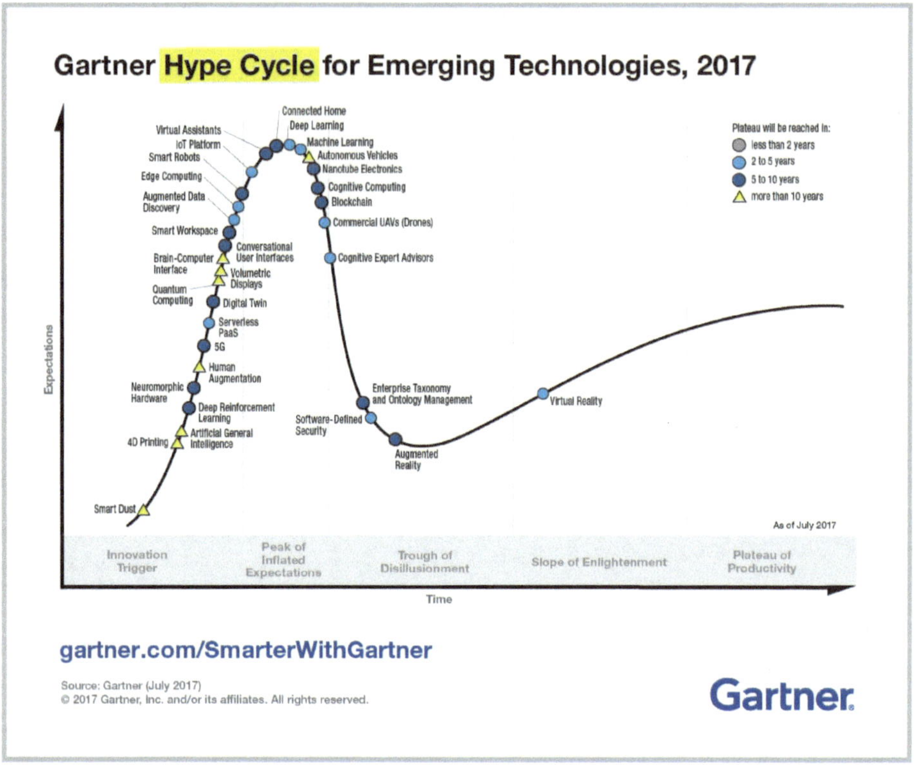

Bild 12.1: Der Gartner Hype Cycle aufstrebender Technogien. (Quelle: Gartner)

Laut den Analysten befinden sich Chatbots kurz vor dem Eintritt in das Tal der Enttäuschungen. Menschen setzen sich mit den Technologien auseinander und werden enttäuscht, weil ihre Erwartungen zu hoch sind. Entsprechend nimmt auch die Berichterstattung in den Medien ab.

Ist der Pfad der Enttäuschungen überwunden, haben Nutzer ein realistischeres Bild von der Technologie und ein besseres Verständnis von den Grenzen und Vorteilen von Chatbots. Das ist die Vorstufe des Plateaus der Produktivität. Hier fällt die Entscheidung, ob die Technologie letztlich vom Markt angenommen wird oder nicht. Bis zum Erreichen dieser Reife dauert es laut Gartner zwei bis fünf Jahre.

Chris Messina, Erfinder des Hashtags und großer Befürworter der Chatbot-Technologie, ist fest davon überzeugt, dass Chatbots in den Mainstream gelangen werden. Man stellt fest, dass vor allem virtuelle Assistenten wie Siri oder Alexa sich jetzt auf dem Weg in das Tal der Enttäuschungen befinden. Interessant ist an dieser Stelle, das

Amazon Alexa der Topseller auf Amazon in den USA war. Es bleibt spannend, wie sich diese Technologie weiterhin entwickeln wird. »Amazon ist sich mit zahlreichen PC-Herstellern einig: Schon bald kommt Alexa auf alle neuen Windows-Notebooks und Desktop-PCs.«[278]

12.2 Werden Chatbots zu Jobkillern?

Laut einer Studie von Oracle sollen Chatbots bis 2020 einen Großteil des Kundendiensts übernehmen. 80 Prozent der großen Unternehmen werden demnach Chatbots als Kundenberater einführen.[279] Vor allem in der IT erwarten Experten mehr Automatisierungen durch Chatbots, so der Bericht »Intelligent Systems in Action: The Rise of the Machines Has Already Begun« des US-amerikanischen Softwarekonzerns Ipswitch. Er besagt, dass 76 Prozent der befragten IT-Experten erwarten, dass intelligente Lösungen wie die Bots die IT-Abläufe vereinfachen werden. 32 Prozent befürchten aber, irgendwann durch intelligente Systeme ersetzt zu werden.[280]

Bild 12.2: Die Aktualisierung des Comic-Klassikers. In der Original-Version heißt es: In the Internet nobody knows you are a dog. Bald wissen wir nicht mehr, ob wir mit Bots sprechen oder mit echten Menschen. (Quelle: *https://ia.net/topics/domo-arigato-mr-roboto-tell-us-your-secret/*)

Endnotes

1 https://www.youtube.com/watch?v=bd1mEm2Fy08

2 https://www.bitkom.org/Presse/Presseinformation/Lieber-Kuenstliche-Intelligenz-als-menschliche-Dummheit.html

3 https://www.oreilly.com/ideas/bot-thots

4 http://faktenfinder.tagesschau.de/inland/social-bots-101~_origin-f247509e-f630-456a-b85d-eafa060c25d2.html

5 http://faktenfinder.tagesschau.de/tutorials/social-bots-erkennen-101.html

6 https://www.wired.com/story/pro-gun-russian-bots-flood-twitter-after-parkland-shooting/

7 https://medium.com/dfrlab/electionwatch-final-hours-fake-news-hype-in-germany-cc9b8157cfb8

8 https://thenextweb.com/shareables/2010/02/27/newsweek-1995-buy-books-newspapers-straight-intenet-uh/

9 https://medium.com/@tedlivingston/chat-is-the-new-browser-cef0ead46c8b

10 https://www.heise.de/tr/artikel/Der-Hype-um-die-Chatbots-3326395.html

11 https://www.heise.de/tr/artikel/Der-Hype-um-die-Chatbots-3326395.html

12 https://www.heise.de/ct/artikel/c-t-uplink-20-9-Dramatische-Technik-Trends-4K-Beamer-und-Podcast-Apps-3964928.html

13 http://www.oreilly.com/data/free/files/what-are-conversational-bots.pdf

14 https://medium.com/@tedlivingston/chat-is-the-new-browser-cef0ead46c8b

15 https://www.oreilly.com/ideas/bots-what-you-need-to-know

16 https://www.capital.de/wirtschaft-politik/chatbots-verfuegen-ueber-banking-potenzial

17 https://www.amazon.de/Bots-Origin-New-Species-Hardwired/dp/1888869054

18 https://www.gartner.com/it-glossary/virtual-assistant-va/

19 https://theventury.com/interview-with-greg-leuch-from-poncho/

20 http://www.absatzwirtschaft.de/top-studie-sprachassistenten-sollen-sechs-mal-mehr-umsatz-und-das-schon-in-den-naechsten-drei-jahren-122688/

21 https://www.bloomberg.com/news/articles/2016-09-15/the-bot-economy-is-growing-even-faster-than-the-app-economy-did

22 http://www.sueddeutsche.de/digital/chatbots-im-facebook-messenger-warum-zuckerberg-die-roboter-losschickt-1.2947140

23 https://www.sueddeutsche.de/digital/smartphones-fuer-senioren-opa-lernt-jetzt-whatsapp-1.3013285

24 https://www.dw.com/de/whatsapp-instagram-und-co-soziale-medien-setzen-kinder-unter-druck/a-43050622

25 https://www.bitkom.org/Presse/Presseinformation/Neun-von-zehn-Internetnutzern-verwenden-Messenger.html

26 https://www.wuv.de/digital/praxis_so_geht_e_commerce_marketing_mit_dem_messenger

27 https://www.bitkom.org/Presse/Presseinformation/Gezeitenwechsel-bei-Kurznachrichten.html

28 http://jens.mooseyard.com/2008/03/18/the-origin-of-the-ichat-ui/

29 https://mobilbranche.de/2016/02/marktprognose-apps-jahr2020

30 https://www.oreilly.com/ideas/chris-messina-on-conversational-commerce

31 https://de.linkedin.com/pulse/chatbots-der-ultimative-%C3%BCbersichtsartikel-digitalen-tr%C3%B6ger-

32 http://dangrover.com/blog/2016/04/20/bots-wont-replace-apps.html

33 https://www.wired.com/2016/04/facebook-believes-messenger-will-anchor-post-app-internet/

34 https://medium.com/gabor/every-step-costs-you-20-of-users-b613a804c329

35 https://www.youtube.com/watch?v=MyQ8mtR9WxI

36 https://www.welt.de/print/welt_kompakt/webwelt/article179144164/Apples-ganz-eigene-Welt.html

37 https://techcrunch.com/2018/04/09/app-downloads-and-revenue-again-broke-records-in-the-first-quarter-of-2018/

38 https://www.adjust.com/resources/insights/mobile-benchmarks-report-2018-v1/

39 https://www.wired.com/2016/04/facebook-believes-messenger-will-anchor-post-app-internet/

40 https://www.bitkom.org/Presse/Presseinformation/30-Milliarden-Markt-rund-um-das-Smartphone.html

41 https://www.bitkom.org/Presse/Presseinformation/Jeder-zweite-Smartphone-Nutzer-installiert-zusaetzliche-Apps.html

42 https://de.statista.com/outlook/319/137/wearables/deutschland#market-users

43 https://www.bitkom.org/Presse/Presseinformation/Deutscher-App-Markt-knackt-15-Milliarden-Marke.html

44 https://www.oreilly.com/ideas/bots-what-you-need-to-know

45 https://www.computerwoche.de/a/was-unternehmen-ueber-chatbots-wissen-muessen,3329735

46 https://t3n.de/news/rechenleistung-ki-systeme-1081130/

47 https://www.comscore.com/Insights/Blog/Smart-Speaker-Penetration-Hits-20-Percent-of-US-Wi-Fi-Households

48 https://meedia.de/2018/05/02/studie-zu-sprachassistenten-die-deutschen-sind-offen-fuer-alexa-siri-co-aber-fuerchten-sich-um-ihre-daten/

49 https://medium.com/@tedlivingston/chat-is-the-new-browser-cef0ead46c8b

50 http://www.sueddeutsche.de/digital/chatbots-im-facebook-messenger-warum-zuckerberg-die-roboter-losschickt-1.2947140

51 https://www.ben-evans.com/benedictevans/2016/3/30/chat-bots-conversation-and-ai-as-an-interface

52 http://www.medicaldaily.com/getting-started-early-babies-young-6-months-use-mobile-devices-hour-each-day-330602

53 http://robotic.media.mit.edu/wp-content/uploads/sites/14/2017/06/idcwp0180-drugaACR.pdf

54 https://www.nytimes.com/2017/10/07/opinion/sunday/children-alexa-echo-robots.html

55 https://www.tagesanzeiger.ch/digital/mobil/smartphonenutzer-schauen-taeglich-88mal-auf-ihr-geraet/story/24730680

56 https://www.theglobeandmail.com/opinion/i-have-forgotten-how-toread/article37921379/

57 http://time.com/2950919/alone-with-thoughts/

58 https://medium.com/@dailywisdom/the-lost-art-in-digital-age-e7e68bd41f2e

59 https://www.spektrum.de/lexikon/psychologie/aufmerksamkeitsspanne/1666

60 https://onlinemarketing.de/news/aufmerksamkeit-goldfisch-mythos

61 https://www.facebook.com/iq/articles/shifts-for-2020-multisensory-multipliers

62 https://innovationsblog.dzbank.de/2017/04/18/wie-ein-chatbot-im-hintergrund-arbeitet-teil-1-chatbot-ist-nicht-gleich-chatbot/

63 https://www.heise.de/ct/artikel/c-t-uplink-20-9-Dramatische-Technik-Trends-4K-Beamer-und-Podcast-Apps-3964928.html

64 https://www.bitkom.org/Presse/Presseinformation/Sprachsteuerung-setzt-sich-bei-Smartphones-durch.html

65 https://www.bitkom.org/Presse/Presseinformation/Das-Smartphone-gehorcht-aufs-Wort.html

66 http://www.spiegel.de/netzwelt/gadgets/sprachsteuerung-im-alltag-ohne-geht-es-nicht-mehr-kolumne-a-1187056.html

67 https://www.heise.de/mac-and-i/meldung/Mit-Siri-Nachrichten-an-WhatsApp-Gruppen-schicken-4119230.html

68 http://dangrover.com/blog/2014/12/01/chinese-mobile-app-ui-trends.html#input-qr

69 http://blogs.wsj.com/digits/2014/11/21/baidus-andrew-ng-on-deep-learning-and-innovation-in-silicon-valley/

70 https://www.theglobeandmail.com/opinion/i-have-forgotten-how-toread/article37921379/

71 https://www.welt.de/wirtschaft/webwelt/article173366978/Neue-Emojis-Glatzkoepfe-Beine-und-FC-St-Pauli-Das-sind-die-neuen-Zeichen.html

72 https://www.welt.de/kmpkt/article173772039/Emojis-Keine-Sprache-waechst-so-schnell-wie-die-der-Emoticons.html

73 https://www.bitkom.org/Presse/Presseinformation/Kaum-eine-Textnachricht-kommt-noch-ohne-Emoji-aus.html

74 https://www.bitkom.org/Presse/Presseinformation/Junge-Deutsche-texten-lieber-statt-zu-telefonieren.html

75 https://editionf.com/Telefonieren-Millennials-Warum-schreibt-ihr-keine-Nachricht

76 https://www.jetzt.de/gesundheit/die-angst-vor-dem-telefonieren-was-kann-man-dagegen-tun

77 https://www.facebook.com/business/news/more-ways-to-grow-your-business-on-messenger

78 https://www.wuv.de/digital/7_praxistipps_so_geht_messenger_marketing

79 http://www.sueddeutsche.de/wirtschaft/zukunft-der-nachrichten-app-zuckerberg-schickt-die-roboter-los-1.2947326

80 https://de.linkedin.com/pulse/chatbots-der-ultimative-%C3%BCbersichtsartikel-digitalen-tr%C3%B6ger-

81 http://blog.wiwo.de/look-at-it/2018/02/02/krokers-ram-setzt-auf-whatsapp-statt-auf-facebook-um-eure-kunden-anzusprechen/

82 https://www.technologyreview.com/s/601251/facebook-wants-you-to-chat-with-business-bots/

83 https://www.fastcodesign.com/3058818/how-facebooks-big-bet-on-chatbots-might-remake-the-ux-of-the-web

84 https://www.technologyreview.com/s/601251/facebook-wants-you-to-chat-with-business-bots/

85 https://www.wired.com/2016/04/facebook-believes-messenger-will-anchor-post-app-internet/

86 https://t3n.de/news/top-10-meistgenutzte-messenger-weltweit-2017-839993/

87 http://www.sueddeutsche.de/digital/chatbots-im-facebook-messenger-warum-zuckerberg-die-roboter-losschickt-1.2947140

88 https://www.heise.de/tr/artikel/Kann-WeChat-den-Westen-erobern-3810016.html

89 https://www.heise.de/tr/artikel/Kann-WeChat-den-Westen-erobern-3810016.html

90 http://dangrover.com/blog/2016/04/20/bots-wont-replace-apps.html

91 https://a16z.com/2015/08/06/wechat-china-mobile-first/

92 https://a16z.com/2015/08/06/wechat-china-mobile-first/

93 https://www.heise.de/tr/artikel/Kann-WeChat-den-Westen-erobern-3810016.html?seite=2

94 https://www.heise.de/tr/artikel/Kann-WeChat-den-Westen-erobern-3810016.html?seite=2

95 https://curved.de/news/warum-wechat-whatsapp-bald-ueberholt-hat-mit-recht-177171

96 https://a16z.com/2015/08/06/wechat-china-mobile-first/

97 https://a16z.com/2015/08/06/wechat-china-mobile-first/

98 https://9to5mac.com/2015/07/21/fy15-q3-earnings-call/

99 http://dangrover.com/blog/2016/04/20/bots-wont-replace-apps.html

100 https://a16z.com/2015/08/06/wechat-china-mobile-first/

101 https://chinachannel.co/wechat-toys/

102 https://a16z.com/2015/08/06/wechat-china-mobile-first/

103 https://www.moneycontrol.com/news/business/companies/wechat-confirms-that-it-makes-all-private-user-data-available-to-the-chinese-government-2391847.html

104 http://www.wiwo.de/unternehmen/it/chinesischer-bezahldienst-wechat-pay-startet-in-deutschland/20604508.html

105 https://www.heise.de/tr/artikel/Kann-WeChat-den-Westen-erobern-3810016.html?seite=2

106 https://www.heise.de/tr/artikel/Kann-WeChat-den-Westen-erobern-3810016.html?seite=2

107 https://t3n.de/news/wechat-deutschland-836724/2/

108 https://www.heise.de/tr/artikel/Kann-WeChat-den-Westen-erobern-3810016.html?seite=2

109 https://t3n.de/news/wechat-deutschland-836724/2/

110 https://curved.de/news/warum-wechat-whatsapp-bald-ueberholt-hat-mit-recht-177171

111 http://www.sueddeutsche.de/digital/chatbots-im-facebook-messenger-warum-zuckerberg-die-roboter-losschickt-1.2947140

112 http://www.zeit.de/digital/internet/2016-01/facebook-messenger-bots-chat

113 https://www.technologyreview.com/s/601251/facebook-wants-you-to-chat-with-business-bots/

114 https://developers.facebook.com/docs/messenger-platform/payments

115 http://www.bbc.com/news/technology-41894014

116 https://www.finder.com/facebook-messenger-payments

117 https://techcrunch.com/2017/11/07/facebook-introduces-a-messenger-plugin-for-business-websites

118 https://socialmedia-doktor.de/rechtliche-fragen-messenger-marketing/

119 https://de.linkedin.com/pulse/hallo-ich-bin-kim-dein-pers%C3%B6nlicher-benedikt-schaumann

120 https://socialmedia-doktor.de/rechtliche-fragen-messenger-marketing/

121 https://www.bitkom.org/NP-Themen/NP-Vertrauen-Sicherheit/Datenschutz/FirstSpirit-149612913891817O529-LF-Verarbeitungsverzeichnis-online.pdf

122 https://developers.facebook.com/docs/messenger-platform/policy/policy-overview

123 https://socialmedia-doktor.de/rechtliche-fragen-messenger-marketing/

124 https://liechtenecker.at/chatbot-der-digitale-assistent-fur-kunden-und-mitarbeiter/

125 https://api.slack.com/bot-users#what-are-bot-users

126 https://www.bedeutungonline.de/KiK-messenger/

127 https://www.bedeutungonline.de/KiK-messenger/

128 https://t3n.de/news/ico-token-verkauf-KiK-messenger-861847/

129 https://flirtuniversity.de/kennst-du-schon-die-app-jodel-eine-klare-empfehlung-von-uns/

130 https://www.golem.de/news/whatsapp-alternative-und-jugendschutz-kriminologe-warnt-vor-KiK-messenger-1402-104843.html

131 https://www.topbots.com/project/hm-KiK-bot-review/

132 http://www.businessinsider.de/KiK-adds-functionality-to-chatbots-2016-9

133 https://www.topbots.com/bot-discovery-virality-lessons-KiK-ceo-ted-livingston/

134 https://t3n.de/news/ico-token-verkauf-KiK-messenger-861847/

135 https://techcrunch.com/2018/07/18/KiK-launches-beta-product-after-100-million-ico/

136 https://kinecosystem.org/static/files/Kin_Whitepaper_V1_English.pdf

137 https://www.washingtonpost.com/news/the-intersect/wp/2015/11/23/the-secret-american-origins-of-telegram-the-encrypted-messaging-app-favored-by-the-islamic-state/?noredirect=on&utm_term=.dedcc4cb4d89

138 https://www.tagesschau.de/ausland/moskau-demo-telegram-101.html

139 https://www.sueddeutsche.de/digital/zensur-warum-irans-regime-angst-vor-telegram-chats-hat-1.3966192

140 https://www.bloomberg.com/news/articles/2017-12-12/cryptic-russian-crusader-says-his-5-billion-app-can-t-be-bought

141 https://de.statista.com/infografik/10309/monatlich-aktive-nutzer-von-messenger-diensten/

142 https://www.reuters.com/article/idUS74722569420130830

143 https://medium.freecodecamp.org/why-i-asked-my-friends-to-stop-using-whatsapp-and-telegram-e93346b3c1f0

144 https://telegram.org/blog/payments

145 https://t3n.de/news/telegram-messenger-ico-kryptowaehrung-gram-903294/

146 https://www.theguardian.com/technology/2014/feb/24/telegram-messaging-app-whatsapp-down-facebook

147 http://www.itopnews.de/2015/02/whatsapp-in-brasilien-gesperrt-telegram-profitiert/

148 https://telegram.org/blog/bot-revolution

149 https://core.telegram.org/bots

150 https://venturebeat.com/2017/11/06/salesforces-einstein-ai-debuts-bot-platform-for-businesses/

151 https://trailhead.salesforce.com/de/modules/artificial-intelligence-for-customer-service/units/improve-customer-service-using-artificial-intelligence

152 https://www.salesforce.com/de/products/service-cloud/features/live-agent/

153 https://www.youtube.com/watch?v=f-U2xlLjiyE

154 https://www.mesaic.co/de/blog/line-und-die-bedeutung-von-messaging-in-asien/

155 https://www.gruenderszene.de/allgemein/line-whatsapp

156 https://www.mesaic.co/de/blog/line-und-die-bedeutung-von-messaging-in-asien/

157 https://techcrunch.com/2016/04/07/line-is-the-latest-mobile-messaging-app-to-introduce-bots

158 https://at.line.me/de/

159 https://t3n.de/news/line-messenger-kryptoboerse-929398/

160 https://www.bitkom.org/Presse/Presseinformation/Digitale-Sprachassistenten-erreichen-den-Massenmarkt.html

161 http://www.oreilly.com/data/free/files/what-are-conversational-bots.pdf

162 https://t3n.de/news/amazon-alexa-skills-apps-echo-dot-835648/

163 https://techcrunch.com/2018/02/21/heres-how-to-make-alexa-control-a-toilet-because-why-not/

164 https://www.amazon.com/Gimlet-Media-Chompers/dp/B079WCGTKX

165 https://www.amazon.com/Gimlet-Media-Chompers/dp/B079WCGTKX

166 https://www.heise.de/tr/artikel/Alexa-fuer-Alte-3740767.html

167 https://www.heise.de/tr/artikel/Alexa-fuer-Alte-3740767.html

168 https://www.cnet.com/how-to/the-difference-between-google-now-and-google-assistant/

169 https://developers.google.com/actions/extending-the-assistant

170 https://www.youtube.com/watch?v=QN2x8yg92Yc

171 https://www.heise.de/developer/meldung/Google-Assistant-bekommt-ein-SDK-3699577.html

172 https://developer.apple.com/sirikit/

173 https://developer.apple.com/sirikit/

174 https://techcrunch.com/2018/01/24/apple-to-take-on-messaging-rivals-with-launch-of-business-chat/

175 https://developer.apple.com/videos/play/wwdc2018/232/

176 https://t3n.de/news/apple-business-chat-geht-mit-ersten-partnern-in-deutschland-an-den-start-1115623/

177 http://www.oreilly.com/data/free/files/what-are-conversational-bots.pdf

178 https://www.welt.de/wirtschaft/article168701957/Maenner-reden-eher-mit-Sprachassistenten-als-Frauen.html

179 http://macdorman.com/kfm/writings/pubs/Mitchell2010DoesSocialDesirabilityBiasFavorHumans.pdf

180 https://qz.com/911681/we-tested-apples-siri-amazon-echos-alexa-microsofts-cortana-and-googles-google-home-to-see-which-personal-assistant-bots-stand-up-for-themselves-in-the-face-of-sexual-harassment/

181 https://www.golem.de/news/sprachassistenten-alexa-ist-feministin-1801-132293.html

182 https://www.golem.de/news/sprachassistenten-alexa-ist-feministin-1801-132293-2.html

183 https://www.zeit.de/digital/internet/2017-12/algorithmen-algorithmwatch-bertelsmann-stiftung

184 https://www.computerwoche.de/a/was-unternehmen-ueber-chatbots-wissen-muessen,3329735

185 https://developer.twitter.com/en/docs/tutorials/building-a-customer-service-practice-using-Twitter

186 https://www.sueddeutsche.de/digital/datenmissbrauch-was-ist-eigentlich-gerade-bei-facebook-los-1.3932349

187 https://chatbotsmagazine.com/the-rise-of-native-chatbot-development-658342167856

188 https://blog.whatsapp.com/10000633/Wir-entwickeln-f%C3%BCr-Menschen-%E2%80%93-und-jetzt-auch-Unternehmen?l=de

189 http://www.whatbot.com/?p=326

190 https://curved.de/news/warum-wechat-whatsapp-bald-ueberholt-hat-mit-recht-177171

191 medium.com/@AlfredBaudisch/how-a-whatsapp-bot-got-famous-and-evolved-as-the-brazilian-wechat-and-conversational-commerce-e2213262183d

192 https://techcrunch.com/2018/01/18/whatsapp-officially-launches-its-app-for-businesses-in-select-markets/

193 https://allfacebook.de/whatsapp/whatsapp-business-api

194 www.inside-handy.de/news/39385-telekom-whatsapp-service-vor-aus

195 https://www.wuv.de/digital/7_praxistipps_so_geht_messenger_marketing

196 https://www.itwissen.info/NLP-natural-language-processing.html

197 https://de.ryte.com/wiki/Natural_Language_Processing

198 https://de.ryte.com/wiki/Natural_Language_Processing

199 https://de.ryte.com/wiki/Natural_Language_Processing

200 https://hosting.1und1.de/digitalguide/online-marketing/verkaufen-im-internet/wie-funktioniert-natural-language-processing/

201 https://hosting.1und1.de/digitalguide/online-marketing/verkaufen-im-internet/wie-funktioniert-natural-language-processing/

202 https://www.techfak.uni-bielefeld.de/ags/wbski/lehre/digiSA/SS05/STDKI/Vorlesung/STdKI2NLP4.pdf

203 https://www.cjr.org/tow_center_reports/guide_to_automated_journalism.php

204 http://www.criteo.com/de/wp-content/uploads/sites/3/2018/01/Machine-Learning-eBook-November-DE.pdf

205 https://de.ryte.com/wiki/Natural_Language_Processing

206 http://www.criteo.com/de/wp-content/uploads/sites/3/2018/01/Machine-Learning-eBook-November-DE.pdf

207 http://www.criteo.com/de/wp-content/uploads/sites/3/2018/01/Machine-Learning-eBook-November-DE.pdf

208 https://www.oreilly.com/ideas/bot-thots

209 https://bankstil.de/kuenstliche-intelligenz-in-all-ihren-spielarten-podcast

210 https://www.computerwoche.de/g/chatbot-faq,116882,8

211 https://innovationsblog.dzbank.de/2017/04/24/wie-ein-chatbot-im-hintergrund-arbeitet-teil-2-die-verarbeitungsschritte-fuer-chatbots/

212 http://www.zeit.de/digital/internet/2016-03/microsoft-tay-chatbot-twitter-rassistisch

213 https://chatbotsmagazine.com/think-differently-when-building-bots-5093ddba5a56

214 https://www.capital.de/wirtschaft-politik/chatbots-verfuegen-ueber-banking-potenzial

215 https://www.capital.de/wirtschaft-politik/vorsicht-beim-modewort-kuenstliche-intelligenz

216 https://pdfs.semanticscholar.org/9213/28ec369ac8f30d719ec553dde0cb8b708ef4.pdf

217 https://pdfs.semanticscholar.org/9213/28ec369ac8f30d719ec553dde0cb8b708ef4.pdf

218 https://pdfs.semanticscholar.org/9213/28ec369ac8f30d719ec553dde0cb8b708ef4.pdf

219 https://pdfs.semanticscholar.org/9213/28ec369ac8f30d719ec553dde0cb8b708ef4.pdf

220 https://pdfs.semanticscholar.org/9213/28ec369ac8f30d719ec553dde0cb8b708ef4.pdf

221 https://www.technologyreview.com/s/601897/tougher-turing-test-exposes-chatbots-stupidity/

222 https://www.vice.com/de/article/qbm8qv/sorry-internet-aber-der-turing-test-wurde-nicht-von-einer-maschine-bestanden

223 https://ls1-www.cs.tu-dortmund.de/images/courses/ie/sose16/cr/folien/CR_sec1_handout.pdf

224 http://www.faz.net/aktuell/gesellschaft/menschen/google-computer-alphago-besiegt-go-weltmeister-14125664.html

225 http://www.faz.net/aktuell/gesellschaft/go-weltmeister-gewinnt-gegen-computer-14121668.html

226 https://www.capital.de/wirtschaft-politik/vorsicht-beim-modewort-kuenstliche-intelligenz

227 http://www.businessinsider.de/facebook-is-ending-its-bot-messenger-assistant-m-2018-1

228 http://www.oreilly.com/data/free/files/what-are-conversational-bots.pdf

229 https://techcrunch.com/2016/09/19/google-acquires-api-ai-a-company-helping-developers-build-bots-that-arent-awful-to-talk-to/

230 https://dialogflow.com/docs/integrations/

231 https://dialogflow.com/docs/sdks

232 https://www.heise.de/developer/meldung/Google-Dialogflow-als-Enterprise-Edition-3892182.html

233 https://wit.ai/

234 https://t3n.de/news/ki-chatbots-kundenservice-diese-868928/2/

235 https://developers.facebook.com/docs/messenger-platform/built-in-nlp

236 https://innovationsblog.dzbank.de/2017/04/24/wie-ein-chatbot-im-hintergrund-arbeitet-teil-2-die-verarbeitungsschritte-fuer-chatbots/

237 https://t3n.de/news/ki-chatbots-kundenservice-diese-868928/2/

238 https://t3n.de/news/ki-chatbots-kundenservice-diese-868928/2/

239 https://www.tensorflow.org/tutorials/representation/word2vec

240 https://www.technologyreview.com/s/603529/socially-sensitive-ai-software-coaches-call-center-workers/

241 https://www.heise.de/tr/artikel/Der-Hype-um-die-Chatbots-3326395.html

242 https://www.heise.de/newsticker/meldung/KI-provoziert-Bewerber-im-Training-3966073.html

243 https://de.linkedin.com/pulse/chatbots-der-ultimative-%C3%BCbersichtsartikel-digitalen-tr%C3%B6ger-

244 https://theventury.com/interview-with-greg-leuch-from-poncho/

245 https://medium.com/rasa-blog/on-bots-1-3-bots-shouldn-t-be-scaled-down-versions-of-existing-products-towards-a-bot-native-ux-af230bcb8891

246 http://www.oreilly.com/data/free/files/what-are-conversational-bots.pdf

247 https://www.ben-evans.com/benedictevans/2016/3/30/chat-bots-conversation-and-ai-as-an-interface

248 https://chatbotsmagazine.com/woebot-your-ai-cognitive-behavioral-therapist-an-interview-with-alison-darcy-b69ac238af45

249 http://www.sueddeutsche.de/digital/chatbots-im-facebook-messenger-warum-zuckerberg-die-roboter-losschickt-1.2947140-2

250 https://chatbotsmagazine.com/woebot-your-ai-cognitive-behavioral-therapist-an-interview-with-alison-darcy-b69ac238af45

251 https://blog.chatfuel.com/help/telegram-messenger/

252 https://www.computerwoche.de/a/was-unternehmen-ueber-chatbots-wissen-muessen,3329735

253 https://www.gartner.com/imagesrv/summits/docs/na/customer-360/C360_2011_brochure_FINAL.pdf

254 https://innovationsblog.dzbank.de/2017/04/18/wie-ein-chatbot-im-hintergrund-arbeitet-teil-1-chatbot-ist-nicht-gleich-chatbot/

255 https://www.computerwoche.de/a/was-unternehmen-ueber-chatbots-wissen-muessen,3329735

256 https://masterofcode.com/blog/where-bots-are

257 https://www.oreilly.com/ideas/bots-what-you-need-to-know

258 https://www.topbots.com/project/activision-call-of-duty-bot-review/

259 http://www.spiegel.de/netzwelt/web/ashley-madison-70-000-bots-sollen-mit-maennern-gechattet-haben-a-1050843.html

260 https://www.theverge.com/2017/7/12/15960080/chatbot-ai-legal-donotpay-us-uk

261 https://www.computerwoche.de/a/was-unternehmen-ueber-chatbots-wissen-muessen,3329735

262 https://www.bitkom.org/Presse/Presseinformation/Jeder-Vierte-will-Chatbots-nutzen.html

263 https://www.computerwoche.de/a/was-unternehmen-ueber-chatbots-wissen-muessen,3329735

264 dmnews.com/social-media/american-eagle-outfitters-and-aerie-give-customers-the-gift-of-chatbots-this-holiday-season/article/580442/2/

265 https://chatbotsmagazine.com/woebot-your-ai-cognitive-behavioral-therapist-an-interview-with-alison-darcy-b69ac238af45

266 https://chatbotsmagazine.com/woebot-your-ai-cognitive-behavioral-therapist-an-interview-with-alison-darcy-b69ac238af45

267 itnews.com.au/news/lufthansa-delays-chatbots-responses-to-make-it-more-human-462643

268 https://www.linkedin.com/pulse/hallo-ich-bin-kim-dein-pers%C3%B6nlicher-benedikt-schaumann/

269 https://www.linkedin.com/pulse/hallo-ich-bin-kim-dein-pers%C3%B6nlicher-benedikt-schaumann/

270 https://techcrunch.com/2016/04/19/all-your-bots-are-belong-to-us/

271 https://news.klm.com/klm-first-airline-with-verified-whatsapp-business-account/

272 http://blog.kameleoon.com/de/meetic-chatbot/

273 http://www.absatzwirtschaft.de/kwitt-durch-artifical-intelligence-sparkassen-muskelmann-als-inkasso-bot-fuer-die-generation-z-118603/

274 https://chatbotsmagazine.com/poncho-the-weather-cat-an-interview-with-greg-leuch-908cfd827aba

275 https://chatbotsjournal.com/interview-with-greg-leuch-head-of-product-poncho-inc-d66485980cba

276 https://chatbotsmagazine.com/how-two-questions-can-change-your-products-growth-247ebf412486

277 https://www.gartner.com/smarterwithgartner/5-trends-emerge-in-gartner-hype-cycle-for-emerging-technologies-2018/

278 http://www.computerbild.de/artikel/cb-News-Vernetztes-Wohnen-Amazon-Alexa-Windows-19604825.html

279 https://go.oracle.com/LP=43079?elqCampaignId=79575

280 https://www.computerwoche.de/a/was-unternehmen-ueber-chatbots-wissen-muessen,3329735

Stichwortverzeichnis